电气控制
与PLC编程
入门及应用

向晓汉　徐君鹏　主编

化学工业出版社
·北京·

内容简介

本书结合工程实例，从培养学生实际应用能力的角度出发，讲解相关理论知识。全书内容分为两部分：电气控制和PLC。电气控制部分主要介绍常用的低压电器、继电接触器控制电路、典型设备电气控制电路分析；PLC部分以西门子S7-1200系列PLC为例，介绍PLC的基本知识、TIA Portal编程软件的使用、S7-1200 PLC的指令系统及其应用、程序结构和编程方法、S7-1200 PLC的通信、S7-1200 PLC工艺功能，最后完整地给出一个PLC控制系统设计的实例。

本书内容实用，融入了编者丰富的工程经验。书中每章均配有丰富的应用实例和大量微课、视频动画，可供学生直观学习和练习使用。

本书可作为高职高专、职业本科院校机械类、电气类专业的教材，也可以供工程技术人员参考使用。

图书在版编目（CIP）数据

电气控制与PLC编程入门及应用 / 向晓汉，徐君鹏主编. -- 北京：化学工业出版社，2025.5. -- （高职高专电气自动化专业教材）. -- ISBN 978-7-122-47635-7

Ⅰ. TM571.2; TM571.61

中国国家版本馆CIP数据核字第2025A5D412号

责任编辑：刘丽宏　李军亮　徐卿华　　　文字编辑：赵子杰　李亚楠

责任校对：边　涛　　　　　　　　　　　装帧设计：刘丽华

出版发行：化学工业出版社（北京市东城区青年湖南街13号　邮政编码100011）

印　　装：天津千鹤文化传播有限公司

787mm×1092mm　1/16　印张14¾　字数365千字

2025年10月北京第1版第1次印刷

购书咨询：010-64518888　　　　　　售后服务：010-64518899

网　　址：http://www.cip.com.cn

凡购买本书，如有缺损质量问题，本社销售中心负责调换。

　　随着计算机技术的发展，以可编程控制器、变频器调速为主体的新型电气控制系统已经逐渐取代传统的继电器电气控制系统，并广泛应用于各行业。电气控制与 PLC 技术是综合了继电接触器控制、计算机技术、自动控制技术和通信技术的一门新兴技术，应用十分广泛，因此，全国很多高职高专院校将电气控制技术与可编程控制器应用技术作为一门课程来开设。此门课程是机械、电气类专业的核心课程，为了使学生能更好地掌握相关知识，我们在总结长期的教学经验的基础上，联合相关企业人员，共同编写了本书。

　　本书共 8 章，主要以实际的工程项目作为"教学载体"，让学生在"学中做、做中学"，以提高学生的学习兴趣和学习效果。

　　本书的内容具有以下特点。

　　① 本书是新型立体化教材，配有大量微课、视频和动画，读者可以扫二维码观看，容易激发学生学习兴趣；作业题有 pdf 文档和答案，读者可以扫码下载；配有授课 PPT、技术手册以方便教师教学。

　　② 体现新技术，学习更容易。本书在技术上紧跟当前技术发展，如 PLC 的品牌为目前主流品牌。配置近 10 个数字孪生虚拟调试的案例，使读者学习更加容易。

　　③ 针对高职本科院校培养"应用型人才"的特点，本书在编写时，弱化理论知识，注重实践，让学生在"工作过程"中完成项目。

　　党的二十大报告指出：推动绿色发展，促进人与自然和谐共生。绿色、循环、低碳发展已经成为全社会的共识和奋斗目标，电气自动化技术可以为实现这一目标提供技术支持。例如变频器的回馈制动，使得本来以热量消耗的能量回馈电网，节省了大量电能；通过 PLC 的程序优化，减少设备不必要的起停和运行时间，减少了设备磨损和电能消耗。再如通过选用绿色电缆，可以减少对环境的污染；通过采用现场总线技术，可以直接减少电缆的使用等。本书力求将这些"绿色、循环、低碳"的案例融入到教材编写过程中，从而让"绿色发展"理念潜移默化地植根于读者的思维之中。

本书的教学参考学时为 64 学时，各章的参考学时如下。

章节	课程内容	学时分配
第1章	常用的低压电器	6
第2章	继电接触器控制电路	10
第3章	典型设备电气控制电路分析	8
第4章	可编程控制器基础	6
第5章	S7-1200 PLC 的指令及应用	12
第6章	函数、函数块、数据块和组织块及编程方法	10
第7章	S7-1200 PLC 的通信应用	8
第8章	触摸屏和变频器的 PLC 综合控制	4
课时总计		64

本书由向晓汉、徐君鹏担任主编，黎雪芬任副主编，奚茂龙任主审。其中，第1章、第2章由河南科技学院徐君鹏编写，第3章由无锡中维智科王飞飞编写，第4章、第7章由无锡职业技术学院黎雪芬编写，第5章、第6章由无锡职业技术学院向晓汉编写，第8章由无锡职业技术学院李润海编写。

由于编者水平和时间有限，书中不足之处在所难免，敬请广大读者批评指正。

编 者

目录

第3章　典型设备电气控制电路分析 ··· 070

第4章　可编程控制器基础 ··· 086

第1章

常用的低压电器

▮ 学习目标 ▮

- 了解低压电器的含义、常见术语、分类和发展趋势。
- 掌握开关电器、接触器和继电器等低压电器的功能、符号和选型。
- 了解开关电器、接触器和继电器等低压电器的工作原理。
- 掌握配线的方法。

1.1 低压电器简介

电器就是接通/断开电路或者调节、控制、保护电路和设备的电气器具或装置。电器按照工作电压可分为高压电器和低压电器，本书将介绍低压电器，如果未作特殊说明，本书中所讲的电器全部为低压电器。

低压电器通常是指用于交流50Hz（60Hz）、额定电压1200V及以下或直流额定电压1500V及以下的电路中，起通断、保护、控制或调节作用的电器。

1.1.1 低压电器的分类

低压电器的分类方法很多，按照不同的分类方式有不同的类型。

1）按照用途分类

（1）控制电器 控制电器主要用于电力拖动和自动控制系统，包括继电器、接触器、主令电器、起动器、控制器和电磁铁等。

（2）配电电器 配电电器主要用于低压配电系统和动力装置中，包括刀开关、转换开关、断路器和熔断器等，要求在系统发生故障的情况下动作准确，工作可靠，有足够的热稳定性和动稳定性。

2）按照工作条件分类

主要有：一般工业电器、矿用电器、航空电器、船用电器、化工电器、牵引电器等。

此外，还有其他的分类方法。

1.1.2 低压电器的常用技术术语、参数及技术性能

1）一般术语

以下术语来源于国家标准，术语较难理解，但必须掌握。低压电气的术语是电气工程

师沟通时，应该采用的严谨的标准语言，而一些有歧义的口头语，如"打开闸刀"等不宜采用。

① 动（操）作：电器的活动部件从一个位置转换到另一个相邻的位置。例如，把电风扇的调速器的风速挡位从"1挡"旋转到"2挡"就是一个动作。

② 闭合：使电器的动、静触点在规定的位置上建立电接触的过程。

③ 断开：使电器的动、静触点在规定的位置上解除电接触的过程。

④ 接通：由于电器的闭合，而使电路内电流导通的操作。

⑤ 分断：由于电器的断开，而使电路内电流被截止的操作。

⑥ 控制：使电器设备的工作状态适应于变化运动要求。

⑦ 使用类别：与开关电器或熔断器完成功能条件有关的、表示使用特点的若干规定要求。对于开关电器而言，是指有关工作条件的组合，通常用额定电流和额定电压的倍数，相应的功率因数和时间常数，表征电器额定接通和分断能力的类别。

⑧ 可逆转化：通过电器触点的转化改变电动机回路上的电源相序（对于直流电动机则为电源极性），以实现电动机反向运转的过程。

2）参数

① 额定工作电流：在规定的条件下，保证电器正常工作的电流。

② 约定发热电流：在规定的条件下实验，电器在8小时工作制下，各部件的温升不超过极限数值时所承载的最大电流。

③ 分断电流：在分断过程中，产生电弧的瞬间所流过电器的电流数值。

④ 短路电流：由于电路的故障或者连接错误造成的短路而引起的过电流。

⑤ 约定熔断电流：在约定时间内能使熔断器的熔断体熔断的规定电流数值。

⑥ 约定脱扣电流：在约定时间内能使继电器或脱扣器动作的规定电流数值。

⑦ 约定不脱扣电流：在约定时间内继电器或脱扣器能承受而不动作的规定电流数值。

⑧ 最小分断电流：在规定的使用和性能条件下，熔断体能分断规定电压下的预期最低值。

⑨ 电流整定值：继电器或者脱扣器所调整到的动作电流值，这个值与动作特性有关，并按照此值确定了继电器或脱扣器动作的主电路电流值。

⑩ 额定工作电压：在规定条件下，保证电器正常工作的工作电压值。

3）技术性能

① 机械寿命：机械、电器在需要修理或者更换机械零件前所承受的无载操作循环次数。

② 电（气）寿命：在规定的正常工作条件下，机械、电器在需要修理或者更换零件前所承受的负载操作循环次数。

1.1.3　符号采用的标准

图形和文字符号都要使用国家标准，本书主要使用了如下标准。

①《电气简图用图形符号 第4部分：基本无源元件》GB/T 4728.4—2018。

②《电气简图用图形符号 第6部分：电能的发生与转换》GB/T 4728.6—2022。

③《电气简图用图形符号 第7部分：开关、控制和保护器件》GB/T 4728.7—2022。

1.2　低压开关电器

开关电器（switching device）是指用于接通或分断一个或几个电路中电流的电器。一个开关电器可以完成一个或者两个操作。它是最普通、使用最早的电器之一，常用的有刀开关、隔离开关、负荷开关、组合开关、断路器等。

1.2.1　刀开关

刀开关（knife switch）是带有刀形动触点，在闭合位置与底座上的静触点相契合的开关。它是最普通、使用最早的电器之一，俗称闸刀开关。

1）刀开关的功能

低压刀开关的作用是不频繁地手动接通和分断容量较小的交、直流低压电路，或者起隔离作用。刀开关如图1-1所示，其图形及文字符号如图1-2所示。

图1-1　刀开关

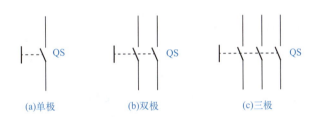

(a)单极　　　　(b)双极　　　　(c)三极

图1-2　刀开关的图形及文字符号

2）刀开关的分类

刀开关结构简单，由手柄、刀片、触点、底板等组成。

刀开关的主要类型有大电流刀开关、负荷开关和熔断器式刀开关。常用的产品有HD11～HD14和HS11～HS13系列刀开关。按照极数分类，刀开关通常分为单极、双极和三极3种。

3）刀开关的选用原则

（1）刀开关结构形式的选择　刀开关结构形式应根据刀开关的作用和装置的安装形式来选择，如果刀开关用于分断负载电流，应选择带灭弧装置的刀开关。根据装置的安装形式，可选择是正面操作、背面操作还是侧面操作，是直接操作还是杠杆传动，结构形式是板前接线还是板后接线。

（2）刀开关的额定电流的选择　刀开关的额定电流一般应等于或大于所分断电路中各个负载额定电流的总和。对于电动机负载，考虑其起动电流，选用刀开关的额定电流应不小于电动机额定电流的3倍。

（3）刀开关的额定电压的选择　刀开关的额定电压一般应等于或大于电路中的额定电压。

另外，在选用刀开关时，还应考虑所需极数、使用场合、电源种类等。

4）注意事项

① 在接线时，刀开关上面的接线端子应接电源线，下方的接线端子应接负荷线。

② 在安装刀开关时，处于合闸状态时手柄应向上，不得倒装或平装。如果倒装，拉闸后手柄可能因自重下落引起误合闸，造成人身和设备安全事故。

③ 分断负载时，要尽快拉闸，以减小电弧的影响。

④ 使用三相刀开关时，应保证合闸时三相触点同时合闸，若有一相没有合闸或接触不良，会导致电动机因缺相而烧毁。

⑤ 更换保险丝，应该在开关断电的情况下进行，不能用铁丝或者铜丝代替保险丝。

【例1-1】刀开关和隔离开关是否可以互相替换使用？

【答】通常不可以。隔离开关是指在断开位置上，能满足规定的隔离功能要求的一种机械开关电器。其作用是当电源切断后保持有效的隔离距离，可以保证维修人员的安全。隔离开关通常不带载荷通断电路。刀开关一般不用作隔离器，因为它不具备隔离功能，但刀开关可以带小载荷通断电路。

当然，隔离开关也是一种特殊的刀开关，当满足隔离功能要求时，刀开关也可以用来隔离电源。

1.2.2　组合开关

组合开关又称为转换开关（transfer switching equipment），是由一个或者多个开关设备构成的电器，该电器用于从一路电源断开负载电路并连接到另外一路电源上，如图1-3所示。组合开关在机床设备和其他的电气设备中应用十分广泛，其体积小，接线方式多，使用十分方便。其灭弧性能比刀开关好。

图 1-3　组合开关

1）组合开关的功能

组合开关一般在交流50Hz、380V以下或直流220V以下的电气线路中，用于手动不频繁地接通和分断电路，接通电源和负载，测量三相电压，改变负载的连接方式，控制小功率电动机正反转、星形-三角形起动、变速换向等场合。

2）组合开关的结构

组合开关实质上也是一种刀开关，只不过一般的刀开关的操作手柄是在垂直于其安装面的平面内向上或向下转动，而组合开关的操作手柄则是在平行于其安装面的平面内向左或向右转动。

3）组合开关的选用原则

一般应选用额定电流等于或大于所分断电路中各个负载额定电流总和的组合开关。对于电动机负载，考虑其起动电流，选用额定电流为电动机额定电流的1.5～2.5倍的组合开关。另外，选用组合开关时，还应考虑所需极数、接线方式、额定电压等。

4）注意事项

① 每小时的接通次数不宜超过15～20次。

② 虽然组合开关有一定的通断能力，但毕竟还是比较低的，所以不能用来分断故障电流。

③ 组合开关本身不带过载保护和短路保护，所以如果需要这类保护，应该另设其他保

护电器。

④ 由于组合开关的通断能力低，当其用于电动机的可逆运行时，必须在电动机完全停止转动后才允许反向接通（即只能作为预选开关使用）。

1.2.3 低压断路器

断路器（circuit-breaker）是指能接通、承载以及分断正常电路条件下的电流，也能在规定的非正常电路条件（例如短路条件）下接通、承载一定时间的分断电流的一种机械开关电器，过去叫作自动空气开关，为了和IEC（国际电工委员会）标准一致，改名为断路器。低压断路器如图1-4所示。

低压断路器

1）低压断路器的功能

低压断路器是将控制电器和短路保护电器的功能合为一体的电器，其图形及文字符号如图1-5所示。在正常条件下，它常用于不频繁接通和断开的电路以及控制电动机的起动和停止。它常用作总电源开关或部分电路的电源开关。

图1-4　低压断路器

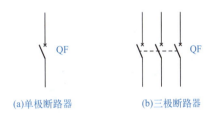

(a)单极断路器　　(b)三极断路器

图1-5　低压断路器的图形及文字符号

断路器的动作值可调，同时具备过载和保护两种功能。当电路发生过载、短路或欠压等故障时能自动切断电路，有效地保护串接在它后面的电气设备。其安装方便，分断能力强，特别是在分断故障电流后一般不需要更换零部件，这是大多数熔断器不具备的优点。因此，低压断路器使用越来越广泛。低压断路器能同时起到热继电器和熔断器的作用。

2）低压断路器的结构和工作原理

低压断路器的种类虽然很多，但结构基本相同，其主要由触点系统和灭弧装置、各种脱扣器与操作机构、自由脱扣机构部分组成。各种脱扣器包括过流、欠压（失压）脱扣器，热脱扣器等。灭弧装置因断路器的种类不同而不同，常采用狭缝式和去离子灭弧装置，塑料外壳式的灭弧装置采用金属栅片将电弧截割成若干段短弧，达到灭弧目的。

当电路发生短路或过流故障时，过流脱扣器的电磁铁吸合衔铁，使自由脱扣机构的钩子脱开，自动开关触点在弹簧力的作用下分离，及时有效地切除高达数十倍额定电流的故障电流，如图1-6所示。当电路过载时，热脱扣器的热元件发热，使双金属片上弯曲，推动自由脱扣机构动作，如图1-7所示。分励脱扣器则用于远距离控制，正常工作时，其线圈是断电的，在需要远距离控制时，按下起动按钮，使线圈通电，衔铁带动自由脱扣机构动作，使主触点断开。开关的主触点靠操作机构、手动或电动合闸，在正常工作状态下能接通和分断工作电流，若电网电压过低或为零时，电磁铁释放衔铁，自由脱扣机构动作，使断路器触点分离，从而在过流与零压、欠压时保证了电路及电路中设备的安全。

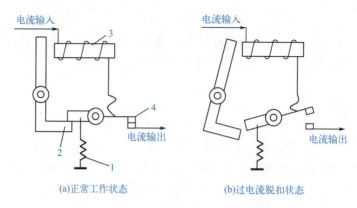

图1-6　低压断路器工作原理图（过电流保护）

1—弹簧；2—脱扣机构；3—电磁铁线圈；4—触点

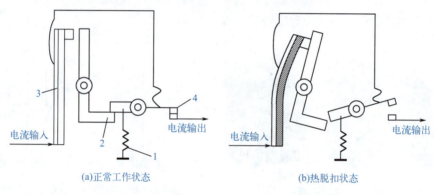

图1-7　低压断路器工作原理图（过载保护）

1—弹簧；2—脱扣机构；3—双金属片；4—触点

【例1-2】某质监局在监控本地区的低压塑壳式断路器的质量时发现：质量在60g以下的单极家用断路器产品全部为不合格品。请从低压塑壳式断路器的结构和原理入手分析产生以上现象的原因。

【答】家用断路器由触点系统、灭弧装置以及各种脱扣器与操作机构组成，而灭弧装置和脱扣器的质量较大，而且为核心部件，所以偷工减料是产品不合格的直接原因。该质监局检查发现，所有的低于60g断路器的灭弧栅片数量都较少，因而灭弧效果不达标，脱扣机构的铜质线圈线包很小或者没有，因而几乎起不到保护作用。通过称量判定质量过小的断路器为不合格品有一定的合理性，但这不能作为断路器产品检验的标准。

3）低压断路器的典型产品

低压断路器主要以结构形式分类，可分为开启式和装置式两种。开启式又称为框架式或万能式，装置式又称为塑料外壳式（简称塑壳式）。还有其他的分类方法，例如，按照用途分类，有配电用、电动机保护用、家用和类似场所用、漏电保护用和特殊用途；按照极数分类，有单极、两极、三极和四极；按照灭弧介质分类，有真空式和空气式。

（1）装置式断路器　装置式断路器有绝缘塑料外壳，内装触点系统、灭弧室、脱扣器等，可手动或电动（对大容量断路器而言）合闸，有较高的分断能力和动稳定性，有较完善的选择性保护功能，广泛用于配电线路。

目前，常用的装置式断路器有DZl5、DZ20、DZX19、DZ47、C45N（目前已升级为C65N）等系列产品。C45N（C65N）系列为引进的法国梅兰日兰公司的产品，等同于国内的DZ47断路器，这种断路器具有体积小，分断能力高，限流性能好，操作轻便，型号规格齐全，可以方便地在单极结构基础上组合成二极、三极、四极断路器等优点，广泛使用在60A及以下的民用照明干线及支路中（多用于住宅用户的进线开关及商场照明支路开关）或电动机动力配电系统的线路过载与短路保护。DZ47-63系列断路器的型号含义如图1-8所示，主要技术参数见表1-1。

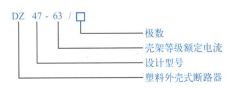

图1-8 断路器型号的含义

表1-1 DZ47-63系列低压断路器的主要技术参数

额定电流/A	极 数	额定电压/V	分断能力/A	瞬时脱扣类型	瞬时保护电流范围
1、3、6、10、16、20、25、32	1、2、3、4	230、400	6000	B	$3I_N \sim 5I_N$
				C	$5I_N \sim 10I_N$
				D	$10I_N \sim 14I_N$

（2）万能式断路器 万能式断路器的容量一般较大，额定电流一般为630～6300A，具有较高的短路分断能力和较高的动稳定性。

（3）智能化断路器 智能化断路器是把微电子技术、传感技术、通信技术、电力电子技术等新技术引入断路器的新产品。

4）断路器的技术参数

断路器的主要技术参数有极数、电流种类、额定电压、额定电流、额定通断能力、线圈额定电压、允许操作频率、机械寿命、电气寿命、使用类别等。

① 额定工作电压。在规定的条件下，断路器长时间运行承受的工作电压为额定工作电压应大于或等于负载的额定电压。通常最大工作电压即为额定电压，一般指线电压。直流断路器常用的额定电压值为110V、220V、440V和660V等。交流断路器常用的额定电压值为127V、220V、380V、500V和660V等。

② 额定工作电流，即在规定的条件下，断路器可长时间通过的电流值，又称为脱扣器额定电流。

此外，还有短路通断能力、电气寿命和机械寿命。

5）低压断路器的选用原则

① 应根据线路对保护的要求确定断路器的类型和保护形式，通常电流在600A以下时多选用塑壳式断路器。当然，现在也有塑壳式断路器的额定电流大于600A。

② 断路器的额定电压 U_N 应等于或大于被保护线路的额定电压。

③ 断路器欠压脱扣器额定电压应等于被保护线路的额定电压。

④ 断路器的额定电流及过流脱扣器的额定电流应大于或等于被保护线路的计算电流。如控制电动机，则相电流按照如下公式计算。

$$I_a = \frac{P}{\sqrt{3} \times U_{ab} \times \cos\varphi \times \eta} \tag{1-1}$$

式中，I_a 为相电流，A；U_{ab} 为线电压，V；$\cos\varphi$ 为功率因数（范围是 0.85～0.9）；η 为效率（范围是 0.8～0.96）；P 为功率，W。

⑤ 断路器的极限分断能力应大于线路的最大短路电流的有效值。

⑥ 配电线路中的上、下级断路器的保护特性应协调配合，下级的保护特性曲线应位于上级保护特性曲线的下方，并且不相交。

⑦ 断路器的长延时脱扣电流应小于导线允许的持续电流。

⑧ 选用断路器时，要考虑断路器的用途，如要考虑断路器是作保护电动机用、配电用还是照明生活用。这点将在后面的例子中提到。

6）注意事项

① 在接线时，低压断路器上面的接线端子应接电源线，下方的接线端子应接负荷线。

② 照明电路常选用瞬时脱扣类型为 C 型的断路器。

【例1-3】有一个照明电路，总负荷为1.5kW，选用一个合适的断路器作为其总电源开关。

【答】由于照明电路额定电压为220V，因此选择断路器的额定电压为230V。照明电路的相电流为：$I_a = \dfrac{P}{U_a \times \cos\varphi} = \dfrac{1500}{220 \times 0.85} \approx 8.0\,(A)$。这个相电流即额定电流，可选断路器的额定电流为10A。DZ47-63系列的断路器比较适合照明电路中瞬时动作整定值为6～20倍的额定电流，查表1-1可知，C型合适，因此，最终选择的低压断路器的型号为DZ47-63/2、C10（C型10A额定电流）。

注意：如果是加热电路等纯电阻电路，功率因数可以取1.0。

案例 1-1 —— CA6140A 车床的低压断路器的选用 ——

◁ 任务描述

CA6140A 车床上配有3台三相异步电动机，主电动机功率为7.5kW，快速电动机功率为275W，冷却电动机功率为150W，控制电路的功率约为500W，请选用合适的电源开关。

◁ 解题步骤

由于电动机额定电压为380V，所以选择断路器的额定电压为380V。电动机的额定电流为

$$I_{a1} = \frac{P_1}{\sqrt{3} \times U_{ab} \times \cos\varphi \times \eta} = \frac{7500 + 275 + 150}{1.732 \times 380 \times 0.85 \times 0.85} \approx 16.7\,(\text{A})$$

控制回路的电流为

$$I_{a2} = \frac{P_2}{U_a \times \cos\varphi} = \frac{500}{220 \times 0.85} \approx 2.7\,(\text{A})$$

总电流为

$$I_a = I_{a1} + I_{a2} = 16.7 + 2.7 = 19.4\,(\text{A})$$

可选择断路器的额定电流为32A。因此，最终选择的低压断路器的型号为DZ15-40/32。

1.2.4　剩余电流保护电器

剩余电流保护电器（residual current device，简称RCD）是在正常运行条件下，能接通承载和分断电流，以及在规定条件下，当剩余电流达到规定值时，能使触点断开的机械开关电器或者组合电器。也称剩余电流动作保护电器（residual current operated protective device）。常用的剩余电流保护电器主要包含断路器和剩余电流保护器件两部分，过去称漏电保护器。

1）剩余电流保护电器的功能

剩余电流保护电器的功能是：当电网发生人身（相与地之间）触电事故时，迅速切断电源，使触电者脱离危险，或者使漏电设备停止运行，从而避免触电引起人身伤亡、设备损坏或火灾。它是一种保护电器。剩余电流保护电器仅仅是防止发生触电事故的一种有效的措施，不能过分夸大其作用，最根本的措施还是防患于未然。

2）剩余电流保护电器的分类

① 按照保护功能和结构特征分类，剩余电流保护电器可分为剩余电流继电器、剩余电流开关、剩余电流断路器和漏电保护插座。

② 按照工作原理分类，可分为电压动作型和电流动作型剩余电流保护电器，前者很少使用，而后者则广泛应用。

③ 按照额定漏电动作电流值分类，可分为高灵敏剩余电流保护电器（额定漏电动作电流小于等于30mA）、中灵敏剩余电流保护电器（额定漏电动作电流介于30~1000mA之间）和低灵敏剩余电流保护电器（额定漏电动作电流大于1000mA）。家庭可选用高灵敏剩余电流保护电器。

④ 按照主开关的极数分类，可以分为单极二线剩余电流保护电器、二极剩余电流保护电器、二极三线剩余电流保护电器、三极剩余电流保护电器、三极四线剩余电流保护电器和四极剩余电流保护电器。

⑤ 按照动作时间分类，可分为瞬时型剩余电流保护电器、延时型剩余电流保护电器和反时限剩余电流保护电器。其中，瞬时型的动作时间不超过0.2s。

3）剩余电流断路器的工作原理

在介绍剩余电流断路器的工作原理前，首先介绍剩余电流的概念。剩余电流（residual current）是指流过剩余电流保护器主回路的电流瞬时值的矢量和（以有效值表示）。

（1）三极剩余电流断路器的工作原理　图1-9所示的剩余电流断路器是在普通塑料外壳式断路器中增加一个零序电流互感器和一个剩余电流脱扣器（又称为漏电脱扣器）所构成的电器。

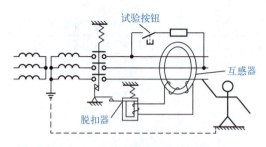

图1-9　三极剩余电流断路器原理图

根据基尔霍夫定律可知，三相电的矢量和为零，即

$$\dot{I}_{L1} + \dot{I}_{L2} + \dot{I}_{L3} = 0$$

所以在正常情况下，零序电流互感器的二次侧没有感应电动势产生，剩余电流断路器不动作，系统保持正常供电。当被保护电路中出现漏电事故时，三相交流电的电流矢量和不为零，零序电流互感器的二次侧有感应电流产生，当剩余电流脱扣器上的电流达到额定剩余动作电流时，剩余电流脱扣器动作，使剩余电流断路器切断电源，从而防止触电事故的发生。每隔一段时间（如1个月），应该按下剩余电流保护电器的试验按钮一次，人为模拟漏电，以测试剩余电流保护电器是否具备剩余电流保护功能。四极剩余电流保护电器的工作原理与三极剩余电流保护电器类似，只不过四极剩余电流保护电器多了中性线这一极。

（2）电子式剩余电流保护电器的工作原理　当发生电击事故时，电流继电器将漏电信号传送给电子放大器，电子放大器将信号放大，断路器的脱扣机构从而使主开关断开，切断故障电路。

4）剩余电流断路器的性能指标

①剩余动作电流。指使剩余电保护电器在规定的条件下动作的剩余电流值。

②分断时间。从达到剩余动作电流瞬间起，到所有极电弧熄灭为止所经过的时间间隔。

以上两个指标是剩余电流断路器的动作性能指标，此外还有额定电流、额定电压等指标。

5）剩余电流断路器的选用

剩余电流断路器的选用需要考虑的因素较多，下面仅讲解其中几个因素。

①根据保护对象选用。若保护的对象是人，即直接接触保护，就应该选用剩余动作电流不高于30mA、灵敏度高的剩余电流断路器；若保护电气设备，则其剩余动作电流可以高于30mA。

②根据使用环境选用。如家庭和办公室选用剩余动作电流不高于30mA的剩余电流断路器。具体可参考有关文献。

③额定电流、额定电压、极数的确定与前面介绍的低压断路器的选用一样。

通常家用剩余电流断路器的剩余动作电流小于30mA，分断时间小于0.1s。

接触器

1.3　接触器

1.3.1　接触器的功能

　　（机械的）接触器（contactor）是指仅有一个起始位置，能接通、承载或分断正常条件（包括过载运行条件）下电流的非手动操作的机械开关电器。接触器不能切断短路电流，但可以频繁地接通或分断交、直流电路，并可实现远距离控制。其主要控制对象是交、直流电动机，也可用于电热设备、电焊机、电容器组等其他负载。它具有低电压释放保护功能，还具有控制容量大、过载能力强、寿命长、结构简单、价格便宜等特点，在电力拖动、自动控制线路中得到了广泛的应用。交流接触器的外形如图 1-10 所示，其图形和文字符号如图 1-11 所示。接触器常与熔断器和热继电器配合使用。

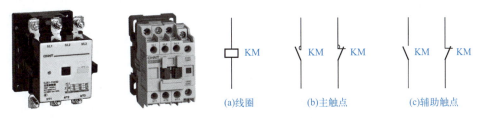

图 1-10　交流接触器　　　　　　图 1-11　接触器的图形和文字符号

1.3.2　接触器的结构及其工作原理

　　接触器主要由电磁机构和触点系统组成，另外，接触器还有灭弧装置、释放弹簧、触点弹簧、触点压力弹簧、支架、底座等部件。图 1-12 所示为 3 种结构形式的接触器结构简图。

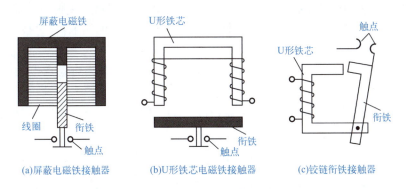

(a)屏蔽电磁铁接触器　　　(b)U形铁芯电磁铁接触器　　　(c)铰链衔铁接触器

图 1-12　3 种接触器的结构简图

　　接触器的工作原理是：当线圈通电后，铁芯中产生磁通及电磁吸力，电磁吸力克服弹簧反力使得衔铁吸合，带动触点机构动作，使常闭触点分断，常开触点闭合。线圈失电或线圈两端电压显著降低时，电磁吸力小于弹簧反力，使得衔铁释放，触点机构复位，使得常开触点断开，常闭触点闭合。

在现场，接触器的衔铁有时不能释放，导致触点不能正常分断或吸合，原因通常有接触器铁芯端面有油污造成释放缓慢，反作用弹簧损坏造成释放缓慢，接触器铁芯机械动作机构被卡住或生锈造成动作不灵活，接触器触点熔焊造成不能释放等。解决方案是：一般需要清除接触器的油污，更换损坏的部件。对于小型接触器，维修价值不大，直接更换即可。

1.3.3 常用的接触器

（1）按照操作方式分类 接触器按操作方式可分为电磁接触器（MC）、气动接触器和液压接触器。

（2）按照灭弧介质分类 接触器按灭弧介质可分为空气接触器、油浸式接触器和真空接触器。在接触器中，空气电磁式交流接触器应用最为广泛，产品系列较多，其结构和工作原理基本相同。典型产品有 CJX1、CJ20、CJ21、CJ26、CJ29、CJ35、CJ40、NC、B、3TB、3TF 等系列。CJX1 系列产品的性能等同于西门子公司的 3TB 和 3TF 系列产品。此外，CJ12、CJ15、CJ24 等系列为大功率重负荷交流接触器。交流接触器型号的含义如图 1-13 所示。

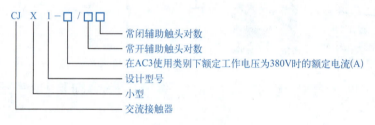

图1-13 交流接触器型号的含义

（3）按照接触器主触点控制电流种类分类 接触器按照主触点控制电流种类可分为直流接触器和交流接触器。直流接触器应用于直流电力线路中，主要供远距离接通与断开直流电力线路之用，并适用于直流电动机的频繁起动、停止、换向及反接制动。常用的直流接触器有 CZ0、CZ18、CZ21 等系列。对于同样的主触点额定电流的接触器，直流接触器线圈的阻值较大，而交流接触器线圈的阻值较小。

（4）按照接触器有无触点分类 接触器按照有无触点可分为有触点接触器和无触点接触器。

（5）按照主触点的极数分类 接触器按照主触点的极数可分为单极、双极、三极、四极和五极接触器。

【例1-4】交流接触器能否作为直流接触器使用？为什么？

【答】不能。对于同样的主触点额定电流的接触器，直流接触器线圈的阻值较大，而交流接触器的阻值较小。当交流接触器的线圈接入交流回路时，会产生一个很大的感抗，此数值远大于接触器线圈的阻值，因此线圈电流的大小取决于感抗的大小。如果将交流接触器的线圈接入直流回路，通电时，线圈就是纯电阻，此时流过线圈的电流很大，使线圈发热，甚至烧坏。所以通常交流接触器不作为直流接触器使用。

1.3.4　接触器的技术参数

接触器的主要技术参数有极数、电流种类、额定工作电压、额定工作电流、约定发热电流、额定通断能力、线圈额定工作电压、允许操作频率、机械寿命、电气寿命、使用类别等。

（1）额定工作电压　接触器主触点的额定工作电压应大于或等于负载的额定电压。通常最大工作电压即为额定电压。直流接触器的常用额定电压值为110V、220V、440V、660V等。交流接触器的常用额定电压值为127V、220V、380V、500V、660V等。

（2）额定工作电流　额定工作电流是指接触器主触点在额定工作条件下的电流值。在380V三相电动机控制电路中，在估算额定工作电流的数值时，额定电流的数值可近似等于控制功率的2倍。例如11kW的电动机，可估算出其额定电流约为22A。

（3）约定发热电流　约定发热电流是指在规定的条件下试验时，电器在8小时工作制下，各部分温升不超过极限值时所承受的最大电流。对于老产品，只有额定电流，而对于新产品（如CJX1系列），则有约定发热电流和额定电流。约定发热电流比额定电流要大。

（4）额定通断能力　额定通断能力是指接触器主触点在规定条件下，可靠接通和分断的最大预期电流数值。在此电流下触点闭合时不会造成触点熔焊，触点断开时不能长时间燃弧。一般通断能力是额定电流的5～10倍。当然，这一数值与开断电路的电压等级有关，电压越高，通断能力越小。电路中超出此电流值的分断任务由熔断器、断路器等保护电器承担。

（5）接触器的极数和电流种类　接触器的极数和电流种类是指主触点的个数和接通或分断主回路的电流种类。按电流种类可分为直流接触器和交流接触器，按极数可分为两极、三极和四极接触器。

（6）线圈额定工作电压　线圈额定工作电压是指接触器正常工作时吸引线圈上所加的电压值。一般该电压数值以及线圈的匝数、线径等数据均标于线包上，而不是标于接触器外壳的铭牌上，在使用时应加以注意。直流接触器常用的线圈额定电压值为24V、48V、110V、220V、440V等。交流接触器常用的线圈额定电压值为36V、110V、127V、220V、380V等。

（7）使用类别　接触器用于不同的负载时，其对主触点的接通和分断能力要求不同，按不同的使用条件来选用相应的使用类别的接触器便能满足要求。在电力拖动系统中，接触器的使用类别及其典型的用途见表1-2，它们的主触点达到的接通和分断能力为：AC-1和DC-1类型允许接通和分断额定电流，AC-2、DC-3和DC-5类型允许接通和分断4倍额定电流，AC-3类型允许接通6倍额定电流和分断额定电流，AC-4类型允许接通和分断6倍额定电流。

表1-2　接触器的使用类别（部分）及其典型的用途

电流类型	使用类别	典型用途
AC（交流）	AC-1	无感或微感负载、电阻炉
AC（交流）	AC-2	绕线式感应电动机的起动、分断
	AC-3	笼型电动机的起动和制动
	AC-4	笼型感应电动机的起动、分断
	AC-5a	放电灯的通断
	AC-6a	变压器的通断

CJX1 系列交流接触器的主要技术参数见表 1-3。

表 1-3　CJX1 系列交流接触器的主要技术参数

型　号	约定发热电流/A	额定工作电流/A		可控电动机功率/kW		操作频次/（次/时）	寿命/万次
		380V	660V	380V	660V		
CJX1-9	22	9	7.2	4	5.5	1200	电气寿命：120 机械寿命：1000
CJX1-12	22	12	9.5	5.5	7.5		
CJX1-16	35	16	13.5	7.5	11		

1.3.5　接触器的选用

交流接触器的选择需要考虑主触点的额定电压与额定电流、辅助触点的数量与种类、吸引线圈的电压等级以及操作频率。

① 根据接触器所控制负载的工作任务（轻任务、一般任务或重任务）来选择相应使用类别的接触器。

● 如果负载为一般任务（控制中小功率笼型电动机等），应选用 AC-3 类接触器。

● 如果负载属于重任务类（电动机功率大，且动作较频繁），则应选用 AC-4 类接触器。

● 如果负载为一般任务与重任务混合的情况，则应根据实际情况选用 AC-3 类或 AC-4 类接触器。若确定选用 AC-3 类接触器，它的容量应降低一级使用，即使这样，其寿命仍将有不同程度的降低。

● 适用于 AC-2 类的接触器，一般不宜用来控制 AC-3 及 AC-4 类的负载，因为它的接通能力较低，在频繁接通这类负载时容易发生触点熔焊现象。

② 交流接触器的额定电压（指触点的额定电压）一般为 500V 或 380V 两种，应大于或等于负载回路的电压。

③ 根据电动机（或其他负载）的功率和操作情况来确定接触器主触点的电流等级。

● 接触器的额定电流（指主触点的额定电流，有 5A、10A、20A、40A、60A、100A、150A 等几种）应大于或等于被控回路的额定电流。

● 对于电动机负载，可按下列公式计算：

$$I_a = \frac{P}{K \times U_{ab}} \tag{1-2}$$

式中，I_a 为相电流，即接触器主触点电流，A；P 为电动机的额定功率，kW；U_{ab} 为线电压，即电动机的额定电压，V；K 为经验系数，一般取 1～1.4。相电流也可以用式（1-1）计算。

● 如果接触器控制电容器或白炽灯，由于接通时的冲击电流可达额定值的几十倍，因此从接通方面来考虑，宜选用 AC-4 类的接触器，若选用 AC-3 类的接触器，则应降低到 70%～80% 的额定功率来使用。

④ 接触器线圈的电流种类（交流和直流两种）和电压等级应与控制电路相同。

⑤ 触点数量和种类应满足电路和控制线路的要求。

1.3.6 注意事项

① 注意理解接触器的使用类别。

② 吸引线圈额定工作电压和接触器额定工作电压不是同一个概念，一般接触器的额定电压标注在外壳的铭牌上，而吸引线圈的额定电压标注在线圈上，两者可以不相等。

③ 在安装接触器前，应先检查线圈电压是否符合使用要求，然后将铁芯极面上的防锈油擦净，以免造成线圈断电后铁芯不释放。再检查其活动部分是否正常，触点是否接触良好，有无卡阻现象等。

④ 接触器上标有"NO"（normally open）的辅助触点是常开触点，标有"NC"（normally closed）的触点是常闭触点，其他的低压电器如果用此标识，其含义相同。

 案例 1-2 —— CA6140A车床的低压接触器的选用 ——

任务描述

CA6140A车床的主电动机的功率为7.5kW，控制电路电压为交流24V，选用其控制用接触器。

解题步骤

电路中的电流 $I_a = \dfrac{P}{K \times U_{ab}} = \dfrac{7500}{1.3 \times 380} \approx 15.2$（A），因为电动机不频繁起动，而且无反转和反接制动，所以接触器的使用类别为AC-3，选用的接触器额定工作电流应大于或等于15.2A。又因为使用的是三相交流电动机，所以选用交流接触器。选择CJX1-16交流接触器，接触器额定工作电压为380V，线圈额定工作电压和控制电路一致，为24V，接触器额定工作电流为16A，大于15.2A，辅助触点为两个常开、两个常闭，可见选用CJX1-16/22是合适的。

这里若有反接制动，则应该选用大一个级别的接触器，即CJX1-32/22。

1.4 继电器

电气继电器（electrical relay）是指当控制该元器件的输入电路中达到规定的条件时，在其一个或多个输出电路中会产生预定的跃变的元器件。

继电器一般通过接触器或其他电器对主电路进行控制，因此其触点的额定电流较小（5～10A），无灭弧装置，但动作的准确性较高。它是自动和远距离操纵用电器，广泛应用于自动控制系统、遥控系统、测控系统、电力保护系统和通信系统中，起控制、检测、保护和调节作用，是电气装置中最基本的器件之一。继电器的输入信号可以是电流、电压等电量，也可以是温度、速度、压力等非电量，输出为相应的触点动作。继电器的图形和文字符号如图1-14所示。

继电器按使用范围的不同可分为3类：保护继电器、控制继电器和通信继电器。保护继电器主要用于电力系统，作为发电机、变压器及输电线路的保护装置；控制继电器主要用于电力拖动系统，以实现控制过程的自动化；通信继电器主要用于遥控系统。若按输入信号的性质不同，可分为中间继电器、热继电器、时间继电器、速度继电器和压力继电器等。继电器的作用如下。

图1-14　继电器的图形和文字符号

① 输入与输出电路之间的隔离。

② 信号切换（从接通到断开）。

③ 增加输出电路（切换几个负载或者切换不同的电源负载）。

④ 切换不同的电压或者电流负载。

⑤ 闭锁电路。

⑥ 提供遥控功能。

1.4.1　电磁继电器

电磁继电器（electromagnetic relay）是由电磁力产生预定响应的机电继电器。它的结构和工作原理与电磁接触器相似，也是由电磁机构、触点系统和弹簧、支架及底座等组成。电磁继电器根据外来信号（电流或者电压）使衔铁产生闭合动作，从而带动触点系统动作，使控制电路接通或断开，实现控制电路状态改变。电磁继电器的外形如图1-15所示。

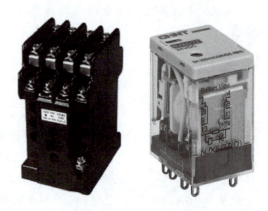

图1-15　电磁继电器

1）电流继电器

电流继电器（current relay）是反映输入量为电流的继电器。电流继电器的线圈串联在被测量电路中，用来检测电路的电流。电流继电器的线圈匝数少，导线粗，线圈的阻抗小。

电流继电器有欠电流型和过电流型两类。欠电流继电器的吸引电流为线圈额定电流的30%～65%，释放电流为线圈额定电流的10%～20%，因此，在电路正常工作时，衔铁是吸合的，只有当电流低于某一整定数值时，欠电流继电器才释放，输出信号。过电流继电器在电路正常工作时不动作，当电流超过某一整定数值时才动作，整定范围通常为1.1～1.3倍的额定电流。

（1）电流继电器的功能　欠电流继电器常用于直流电动机和电磁吸盘的失磁保护。而瞬动型过流继电器常用于电动机的短路保护，延时型继电器常用于过载兼短路保护。过流继电器分为手动复位和自动复位两种。

（2）电流继电器的结构和工作原理　常见的电流继电器有JL14、JL15、JL18等系列产品。电流继电器电磁机构、原理与接触器相似，由于其触点通过控制电路的电流容量较小，所以无需加装灭弧装置，触点形式多为双断点桥式触点。

2）电压继电器

电压继电器（voltage relay）是指反映输入量为电压的继电器。它的结构与电流继电器相似，不同的是电压继电器的线圈并联在被测量的电路两端，以监控电路电压的变化。电压继电器的线圈的匝数多，导线细，线圈的阻抗大。

电压继电器按照动作数值的不同，分为过电压、欠电压和零电压3种。过电压继电器在电压为额定电压的110%～115%以上时动作，欠电压继电器在电压为额定电压的40%～70%时动作，零电压继电器在电压为额定电压的5%～25%时动作。过电压继电器在电路正常工作条件下（未出现过压），动铁芯不产生吸合动作，而欠电压继电器在电路正常工作条件下（未出现欠压），衔铁处于吸合状态。

3）中间继电器

中间继电器（auxiliary relay）是指用来增加控制电路中的信号数量或将信号放大的继电器。它实际上是电压继电器的一种，它的触点多，有的甚至多于6对，触点的容量大（额定电流为5～10A），动作灵敏（动作时间不大于0.05s）。

（1）中间继电器的功能　中间继电器主要起中间转换（传递、放大、翻转分路和记忆）作用，其输入信号为线圈的通电和断电，输出信号是触点的断开和闭合，它可将输出信号同时传给几个控制元件或回路。中间继电器的触点额定电流要比线圈额定电流大得多，因此具有放大信号的作用，一般控制线路的中间控制环节基本由中间继电器组成。

（2）中间继电器的结构和工作原理　常见的中间继电器有HH、JZ7、JZ14、JDZ1、JZ17和JZ18等系列产品。中间继电器主要分为直流与交流两种，也有交、直流电路中均可应用的交直流中间继电器，如JZ8和JZ14系列产品。中间继电器由电磁机构和触点系统等组成，电磁机构与接触器相似，由于其触点通过控制电路的电流容量较小，所以无须加装灭弧装置，触点形式多为双断点桥式触点。

在图1-16中，13和14是线圈的接线端子，1和2是常闭触点的接线端子，1和4是常开触点的接线端子。当中间继电器的线圈通电时，铁芯产生电磁力，吸引衔铁，使得常闭触点分断，常开触点闭合。当中间继电器的线圈不通电时，没有电磁力，在弹簧力的作用下衔铁使常闭触点闭合，常开触点分断。图1-16中的状态是继电器线圈不通电时的状态。

在图1-16中，只有一对常开与常闭触点，用SPDT表示，其含义是"单刀双掷"；若有两对常开与常闭触点，则用DPDT表示，详见表1-4。

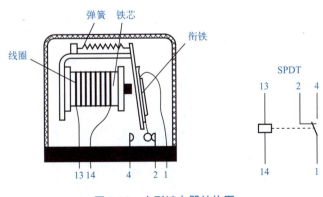

图1-16　小型继电器结构图

表1-4　对照表

含　义	英文解释及缩写	符　号
单刀单掷，常开	Single Pole Single Throw SPST（NO）	
单刀单掷，常闭	Single Pole Single Throw SPST（NC）	
双刀单掷，常开	Double Pole Single Throw DPST（NO）	
单刀双掷	Single Pole Double Throw SPDT	
双刀双掷	Double Pole Double Throw DPDT	

（3）中间继电器的选型　选用中间继电器时，主要应注意线圈额定电压、触点额定电压和触点额定电流。

① 线圈额定电压必须与所控电路的电压相符，触点额定电压可为继电器的最高额定电压（即继电器的额定绝缘电压）。继电器的最高工作电流一般小于该继电器的约定发热电流。

② 根据使用环境选择继电器，主要考虑继电器的防护和使用区域。如对于含尘、腐蚀性气体和易燃易爆的环境，应选用带罩的全封闭式继电器；对于高原及湿热带等特殊区域，应选用适合其使用条件的产品。

③ 按控制电路的要求选择触点的类型是常开还是常闭，以及触点的数量。

（4）注意问题

① 中间继电器的线圈额定电压不能同中间继电器的触点额定电压混淆，两者可以相同，也可以不同。

② 接触器中有灭弧装置，而继电器中通常没有，但电磁继电器同样会产生电弧。电弧可使继电器的触点氧化或者熔化，从而造成触点损坏，此外，电弧会产生高频干扰信号，因此，直流回路中的继电器最好要进行灭弧处理。灭弧的方法有两种：一种是在按钮上并联一个电阻和一个电容进行灭弧，如图1-17（a）所示；另一种是在继电器的线圈上并联一只二极管进行灭弧，如图1-17（b）所示。对于交流继电器，不需要灭弧。

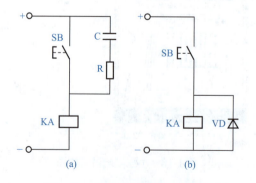

图1-17　直流继电器的灭弧方法

HH 系列小型继电器的主要技术参数见表 1-5，其型号的含义如图 1-18 所示。

表 1-5　HH 系列小型继电器的主要技术参数

型　　号	触点额定电流/A	触点数量		额定电压/V
		常　开	常　闭	
HH52P、HH52B、HH52S	5	2	2	AC：6、12、24、48、110、220
HH53P、HH53B、HH53S	5	3	3	DC：6、12、24、48、110

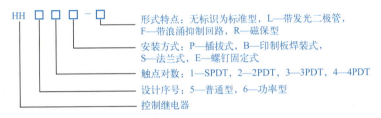

图 1-18　HH 系列小型继电器型号的含义

【例 1-5】计划用一个小型继电器控制一个交流接触器 CJX1-32（额定电压为 380V，额定电流为 32A，线圈电压为 220V），采用 HH52P 小型继电器是否可行？

【答】选用的 HH52P 小型继电器的触点额定电压为 220V，与接触器的线圈电压匹配，额定电流为 5A，容量足够。此小型继电器有 2 对常开触点和 2 对常闭触点，而控制接触器只需要 1 对常开触点，触点数量足够。此外，这类继电器目前很常用，因此可行（注意：本题中的小型继电器的 220V 电压是小型继电器的触点电压，不能同小型继电器的线圈电压混淆）。小型继电器在此起信号放大的作用，在 PLC 控制系统中这种用法比较常见。

【例 1-6】指出图 1-19 中小型继电器的接线图的含义。

【答】小型继电器的接线端子一般较多，用肉眼和万用表往往很难判断。通常，小型继电器的外壳上印有接线图。图 1-19 中的 13 号和 14 号端子是由线圈引出的，其中 13 号端子应该和电源的负极相连，而 14 号端子应该和电源的正极相连，1 号端子和 9 号端子及 4 号端子和 12 号端子是由一对常闭触点引出的，5 号端子和 9 号端子及 8 号端子和 12 号端子是由一对常开触点引出的。

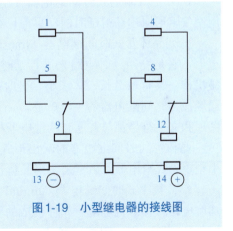

图 1-19　小型继电器的接线图

1.4.2　时间继电器

时间继电器（time relay）是指自得到动作信号起至触点动作或输出电路产生跳跃式改

变有一定延时，该延时又符合其准确度要求的继电器。简言之，它是一种触点的接通和断开要经过一定的符合其准确度要求的延时的电器。时间继电器广泛用于电动机的起动和停止控制及其他自动控制系统中。时间继电器的图形和文字符号如图1-20所示。

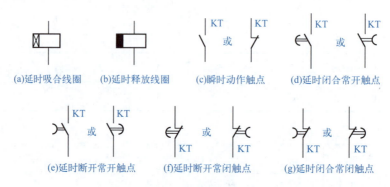

图1-20　时间继电器的图形和文字符号

时间继电器的种类很多，按照工作原理可分为电磁式、空气阻尼式、晶体管式和电动式。按照延时方式可分为通电延时型和断电延时型：通电延时型时间继电器在其感测部分接收信号后开始延时，一旦延时完毕，立即通过执行部分输出信号以操纵控制电路，当输入信号消失时，继电器立即恢复到动作前的状态（复位）；断电延时型时间继电器与通电延时型继电器不同，在其感测部分接收输入信号后，执行部分立即动作，但当输入信号消失后，继电器必须经过一定的延时才能恢复到动作前的状态（复位），并且有信号输出。

1）时间继电器的功能

时间继电器是一种利用电磁原理、机械动作原理、电子技术或计算机技术实现触点延时接通或断开的自动控制电器。当它的感测部分接收输入信号后，必须经过一定的时间延时，它的执行部分才会动作并输出信号以操纵控制电路。

2）时间继电器的结构和工作原理

（1）空气阻尼式时间继电器　空气阻尼式时间继电器也称为气囊式时间继电器，是利用空气阻尼原理获得延时的。目前已经很少使用。

（2）晶体管式时间继电器（transistor timer）　晶体管式时间继电器又称为电子式时间继电器，它是利用延时电路来进行延时的。除了执行继电器外，均由电子元件组成，没有机械机构，具有寿命长、体积小、延时范围大和调节范围宽等优点，因而得到了广泛的应用，已经成为时间继电器的主流产品。晶体管式时间继电器如图1-21所示。它在电路中的作用、图形和文字符号都与普通时间继电器相同。

晶体管式时间继电器的输出形式有两种：有触点式和无触点式。前者是用晶体管驱动小型电磁式继电器，后者是采用晶体管或晶闸管输出。

（3）数字式时间继电器（digital timer）　近年来随着微电子技术的发展，由集成电路、功率电路和单片机等电子元件构成的新型时间继电器大量面市。例如，DHC6多制式单片机控制时间继电器，J5S17、J3320、JSZ13等系列大规模集成电路数字时间继电器，J5145等系列电子式数显时间继电器，J5G1等系列固态时间继电器等。数显时间继电器如图1-22所示。

数显循环定时器是典型的数字时间继电器，一般由芯片控制，其功能比一般的定时器要强大，通过面板按钮可分别设定输出继电器开（on）、关（off）定时时间，在开（on）计时段内，输出继电器动作，在关（off）计时段内，输出继电器不动作，按on—off—on循环，循环周期为开、关时间之和，具体应用见后续例题。

图1-21　晶体管式时间继电器

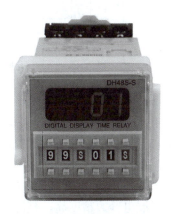

图1-22　数显时间继电器

3）时间继电器的选用

时间继电器种类繁多，选择时应综合考虑适用性、功能特点、额定工作电压、额定工作电流、使用环境等因素，做到选择恰当、使用合理。

（1）经济技术指标　在选择时间继电器时，应考虑控制系统对延时时间和精度的要求。若对时间精度的要求不高，且延时时间较短，宜选用价格低、维修方便的电磁式时间继电器；若控制简单且操作频率很低，如Y-△起动，可选用热双金属片时间继电器；若对时间控制精度要求高，应选用晶体管式时间继电器。

（2）控制方式　被控制对象若需要周期性地重复动作或要求多功能、高精度时，可选用晶体管式或数字式时间继电器。

目前，常用的晶体管式时间继电器有JS20、JSB、JSF、JSS1、JSM8、JS14等系列，其中部分产品为引进国外技术生产的。JS14系列时间继电器的主要技术参数见表1-6，型号的含义如图1-23所示。

表1-6　JS14系列时间继电器的主要技术参数

型　号	结构形式	延时范围/s	工作电压/V		触点对数		误差		复位时间/s	消耗功率/W
			AC	DC	常开触点	常闭触点	常开触点	常闭触点		
JS14-□/□	交流装置式	1、5、10、30、60、120、180	110、220、380	24	2	2	-3%～3%	-10%～10%	1	1
JS14-□/□M	交流面板式				2	2				
JS14-□/□Y	交流外接式				1	1				
JS14-□/□Z	直流装置式				2	2				
JS14-□/□ZM	直流面板式				2	2				
JS14-□/□ZY	直流外接式				1	1				

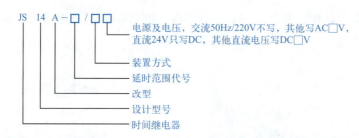

图1-23　JS14系列时间继电器型号的含义

DHC6多制式时间继电器采用单片机控制，LCD显示，具有9种工作制式，正计时、倒计时可任意设定，具有8种延时时段，延时范围可从0.01s ～999.9h任意设定（键盘设定，设定完成后可以锁定按键，防止误操作），可按要求任意选择控制模式，使控制线路最简单、可靠。

另外，数显时间继电器还有DH11S、DH14S、DH48S等系列产品。还有电动时间继电器，这种时间继电器的精度高，延时范围大（可达几十个小时），是电磁式、空气阻尼式和晶体管式时间继电器所不及的。

4）注意事项

① 在使用时间继电器时，不能经常调整气囊式时间继电器的时间调整螺钉，调整时也不能用力过猛，否则会失去延时作用；电磁式时间继电器的调整应在线圈工作温度下进行，防止冷态和热态对动作值产生影响。

② 使用晶体管式时间继电器时，要注意量程的选择。

【例1-7】有一个晶体管时间继电器，型号是JSZ3，其外壳上有图1-24所示的示意图，指出其含义，并说明要实现线圈通电30s后，常开触点闭合的功能，应怎样接线。

【答】图1-24（a）的含义是：接线端子2和7是由线圈引出的，接线端子1、3和4是"单刀双掷"触点，其中，1和4是常闭触点端子，1和3是常开触点端子，同理，接线端子5、6和8是"单刀双掷"触点，其中，5和8是常闭触点端子，6和8是常开触点端子。图1-24（b）的含义是：当时间继电器上的开关指向2和4时，量程为1s；当时间继电器上的开关指向1和4时，量程为10s；当时间继电器上的开关指向2和3时，量程为60s；当时间继电器上的开关指向1和3时，量程为6min。图中的黑色表示被开关选中。

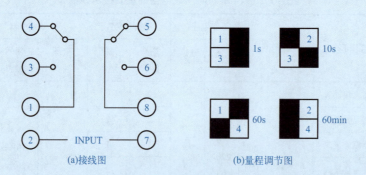

图1-24　时间继电器的接线图和量程调节图

显然，触点的接线端子可以选择1和3或者6和8，线圈接线端子只能选择2和7，拨指开关最好选择指向2和3。

【例1-8】某系统要实现运行10s，停止5s，并且要一直循环，请设计该系统。

【答】如果用普通时间继电器实现以上功能，则需要2个时间继电器，具体由读者设计。而使用循环时间定时器，则只需要一个即可。本例选用英雷科电子的ECY-R4-S循环时间定时器，其最大定时时间是9999s，此定时器可作为循环定时器和普通定时器使用，其接线图如图1-25所示。AC1和AC2端子接220V交流电源，NO是常开触点端子，NC是常闭触点端子，COM是常闭和常开的公共端子，START是循环开始端子，RESET是复位端子。弄清楚了接线端子的含义，按照图1-25接线即可，再按照说明书设置定时时间和循环方式，5号和6号端子之间便可输出10s闭合和5s断开的信号，并无限循环。

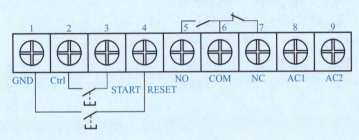

图1-25　接线图

1.4.3　计数继电器

计数继电器（counting relay），简称计数器，适合在交流50Hz、额定工作电压380V及以下或直流工作电压24V的控制电路中作计数元件，按预置的数字接通和分断电路。计数器采用单片机电路和高性能的计数芯片，具有计数范围宽、可正/倒计数、有多种计数方式和计数信号输入、计数性能稳定可靠等优点，广泛应用于工业自动控制中。

计数继电器的功能：计数继电器每收到一个计数信号，其当前值增加1（对于减计数继电器为减少1）。当当前值等于设定值时，计数继电器的常闭触点断开，常开触点闭合，而且计数继电器能显示当前计数值。

计数继电器的种类较多，但最为常见的是机械式计数继电器和电子式计数继电器。电子式数显计数继电器如图1-26所示。

图1-26　电子式数显计数继电器

【例1-9】有一个七段码数显计数继电器，型号是JDM9-6，其接线如图1-27所示，指出其含义，并说明如何实现计数30次后闭合常开触点的功能。

【答】1号端子接+24V，2号端子接0V；6号是公共端子，5和6号组成常闭触点，6和7号组成常开触点；8号是0V，当其与11号端子接通时，计数继电器复位（当前值变成初始值，一般为0）；12号是+12V，当其和10号端子接通一次，当前值增加1（计数一次）。CP1和CP2是时钟脉冲输入端子，本例不使用。

显然，要实现计数30次后闭合常开触点的功能，先要把1和2号端子接上电源，再把9和12号接到计数信号端子上，当计数继电器接收到30次信号后，6和7号组成常开触点闭合。当8与11号端子接通时，计数继电器复位。

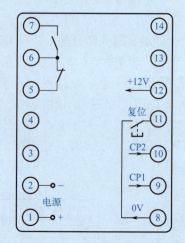

图1-27　电子式计数继电器接线图

1.4.4　热继电器

热继电器

在解释热继电器前，先介绍量度继电器。量度继电器是在规定准确度下，当其特性量达到其动作值时进行动作的电气继电器。热继电器（thermal electrical relay）是通过测量出现在被保护设备的电流，使该设备免受电热危害的他定时限量度继电器。热继电器是一种用电流热效应来切断电路的保护电器，常与接触器配合使用，具有结构简单、体积小、价格低、保护性能好等优点。

（1）热继电器的功能　为了充分发挥电动机的潜力，电动机短时过载是允许的，但无论过载量的大小如何，时间长了总会使绕组的温升超过允许值，从而加剧绕组绝缘的老化，缩短电动机的寿命，严重过载会很快烧毁电动机。为了防止电动机长期过载运行，可在线路中串入按照预定发热程度进行动作的热继电器，以有效监视电动机是否长期过载或短时严重过载，并在超出过载预定值时切断控制回路中相应接触器的电源，进而切断电动机的电源，确保电动机的安全。总之，热继电器具有过载保护、断相保护及电流不平衡运行保护和其他电气设备发热状态的控制的功能。热继电器的外形如图1-28所示，其图形和文字符号如图1-29所示。

图1-28　热继电器

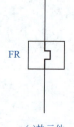 

(a)热元件　　　　　　　(b)常闭触点

图1-29　热继电器的图形和文字符号

（2）双金属片式热继电器的结构和工作原理　按照动作方式分类，热继电器可分为双金属片式、热敏电阻式和易熔合金式，其中，双金属片式热继电器最为常见。按照极数分类，热继电器可分为单极、双极和三极，其中，三极最为常见。按照复位方式分类，热继电器可分为自动复位式和手动复位式。

电力拖动系统中应用最为广泛的是双金属片式热继电器，其主要由热元件、双金属片、导板和触点系统组成，如图1-30所示，其热元件由发热电阻丝构成（这种热继电器是间接加热方式），双金属片由两种热胀系数不同的金属碾压而成，当双金属片受热时，会出现弯曲变形，推动导板，进而使常闭触点断开，起到保护作用。在使用时，把热元件串接于电动机的主电路中，而常闭触点串接于电动机起停接触器的线圈的回路中。

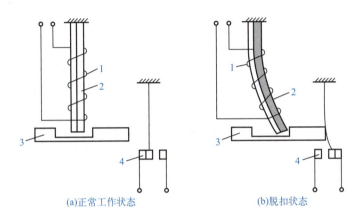

(a)正常工作状态　　　　(b)脱扣状态

图1-30　热继电器原理示意图

1—热元件；2—双金属片；3—导板；4—触点系统

我国目前生产的热继电器主要有T、JR0、JR1、JR2、JR9、JR10、JR15、JR16、JR20、JRS1、JRS2、JRS3等系列。JRS2系列热继电器的主要技术参数见表1-7，其型号的含义如图1-31所示。

表1-7　JRS2（3UA）系列热继电器的主要技术参数

型　　号	JRS2-12.5/Z				JRS2-12.5/F	
额定电流/A	12.5		25		63	
热元件整定电流调整范围/A	0.1～0.16	0.16～0.25	0.1～0.16	0.16～0.25	0.1～0.16	0.16～0.25
	0.25～0.4	0.32～0.5	0.25～0.4		0.25～0.4	
	0.4～0.63	0.63～1	0.4～0.63	0.63～1	0.4～0.63	0.63～1
	0.8～1.25	1～1.6	0.8～1.25	1～1.6	0.8～1.25	1～1.6
	1.25～2	1.6～2.5	1.25～2	1.6～2.5	1.25～2	1.6～2.5
	2～3.2	2.5～4	2～3.2	2.5～4	2～3.2	2.5～4
	3.2～5	4～6.3	3.2～5	4～6.3	3.2～5	4～6.3

图1-31　JRS2系列热继电器型号的含义

（3）热继电器的选用　热继电器选用是否得当，直接影响着对电动机进行过载保护的可靠性。选用时通常应按电动机型式、工作环境、起动情况及负荷情况等几方面综合考虑。

① 原则上，热继电器的额定电流应按电动机的额定电流选择。对于过载能力较差的电动机，其配用的热继电器（主要是发热元件）的额定电流可适当小些。通常，选取热继电器的额定电流（实际上是选取发热元件的额定电流）为电动机额定电流的60%～80%。当负载的起动时间较长，或者负载是冲击负载，如机床的电动机的保护，热继电器的整定电流数值应该略大于电动机的额定电流。对于三角形连接的电动机，三相热继电器应同时具备过载保护和断相保护。

② 在不频繁起动场合，要保证热继电器在电动机的起动过程中不产生误动作。通常，当电动机起动电流为其额定电流的6倍，以及起动时间不超过6s时，若很少连续起动，就可按电动机的额定电流选取热继电器。

③ 当电动机用于重复的短时工作时，首先注意确定热继电器的允许操作频率。因为热继电器的操作频率是有限的，如果用它保护操作频率较高的电动机，效果会很不理想，有时甚至不能使用。对于可逆运行和频繁通断的电动机，不宜采用热继电器保护，必要时可采用装入电动机内部的温度继电器。

④ 对于工作时间很短、间歇时间较长的电动机（如摇臂的钻床电动机、某些机床的快速移动电动机）和虽然长时间工作，但过载可能性很小的电动机（如排风扇的电动机）可以不设计过载保护。

（4）注意事项

① 热继电器只对长期过载或短时严重过载起保护作用，对瞬时过载和短路不起保护作用。

② JR1、JR2、JR0和JR15系列的热继电器均为两相结构，是双热元件的热继电器，可以用作三相异步电动机的均衡过载保护和星形连接定子绕组的三相异步电动机的断相保护，但不能用作定子绕组为三角形连接的三相异步电动机的断相保护。

③ 热继电器在出厂时，其触点一般为手动复位，若需自动复位，可将复位调整螺钉顺时针方向转动，用手拨动几次，若动触点没有处在断开位置，可将螺钉紧固。

④ 为了使热继电器的整定电流和负载工作电流相符，可旋转调节旋钮，将其对准刻度定位标识，若整定值在两者之间，可按照比例在实际使用时适当调整。

【例1-10】有一个型号为JR36-20的热继电器，共有5对接线端子。1/L1和2/T1，3/L2和4/T2，5/L3和6/T3，这3对接线端子比较粗大；95和96、97和98这两对接线端子比较细小。如图1-32所示的控制回路接线图，应该如何接线？

【答】1/L1和2/T1、3/L2和4/T2、5/L3和6/T3接线端子都比较粗大，说明其用在主回路中，其中，1/L1、3/L2、5/L3是输入端，2/T1、4/T2、6/T3是输出端。95和96、97和98这两对比较细小，说明其是辅助触点，用在控制回路中，97和98是常开触点的接线端子，95和96是常闭触点的接线端子。

注意：继电器接触器控制系统多用常闭触点，而PLC控制的系统多用常开触点。

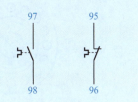

图1-32　热继电器控制回路接线图

案例 1-3　　CA6140A车床的热继电器的选用

任务描述

CA6140A车床的主电动机的额定电压为380V，额定功率为7.5kW，请选用合适的热继电器。

解题步骤

电路中的相电流为

$$I_{a1} = \frac{P_1}{\sqrt{3} \times U_{ab} \times \cos\varphi \times \eta} = \frac{7500}{1.732 \times 380 \times 0.85 \times 0.85} \approx 15.8\,(A)$$

此相电流即为额定电流I_N。可选JRS2（3UA）-12.5/Z12.5-20A热继电器，15.4A挡位（无15.8A挡位）与计算得到的15.8A数值接近，因此将热继电器的热元件的整定电流数值整定到15.4A即可。

1.4.5　速度继电器

速度继电器是当转速达到规定值时动作的继电器。它常用于电动机反接制动的控制电路中，当反接制动的转速下降到接近零时，它自动切断电源，所以又称为反接制动继电器。

（1）速度继电器的功能　速度继电器是按照预定速度快慢而动作的继电器，主要应用在电动机反接制动控制电路中。

（2）速度继电器的结构与工作原理　感应式速度继电器（speed relay）主要由定子、转子和触点系统3部分组成。转子是一个圆柱形永久磁铁，定子是一个笼型空心圆环，由硅钢片冲压而成，并装有笼型绕组。速度继电器原理图如图1-33所示，速度继电器的图形与文字符号如图1-34所示。

感应式速度继电器的工作原理是利用电磁感应原理实现触点的动作。感应式速度继电器的轴与电动机的轴相连接，而定子空套在转子上。当电动机转动时，速度继电器的转子（永久磁铁）随之转动，在空间产生旋转磁场，切割定子绕组，产生感应电流，此电流和永久磁铁的磁场作用产生转矩，使定子向轴的转动方向偏摆，通过摆锤拨动触点，使常闭触点断开、常开触点闭合。当电动机转速低于某一数值时，转矩减小，动触点复位。

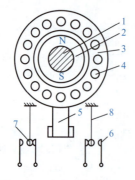

图 1-33　速度继电器原理图

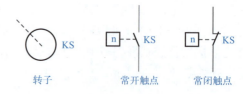

图 1-34　速度继电器的图形与文字符号

1—电动机轴；2—转子；3—定子；4—绕组；

5—摆锤；6—静触点；7—动触点；8—簧片

（3）注意事项

① 使用前的检查。速度继电器在使用前应旋转几次，看其转动是否灵活，摆锤是否灵敏。

② 安装注意事项。速度继电器一般为轴连接，安装时应注意继电器转轴与其他机械之间的间隙，不要过紧或过松。

③ 运行中的检查。应注意速度继电器在运行中的声音是否正常，温升是否过高，紧固螺钉是否松动，以防止将继电器的转轴扭弯或将联轴器的销子扭断。

④ 拆卸注意事项。拆卸时要仔细，不能用力敲击继电器的各个部件。抽出转子时为了防止永久磁铁退磁，要设法将磁铁短路。

1.4.6　其他继电器

继电器的种类繁多，除了上述介绍的继电器外，还有些继电器在控制系统中有着特殊的功能，如固态继电器、干簧继电器、压力继电器、温度继电器、过电流继电器、欠电压继电器等。在此，不再赘述。

1.5　熔断器

熔断器（fuse）的定义为：当电流超过规定值足够长时间后，通过熔断一个或几个特殊设计的相应部件，断开其所接入的电路，并分断电流的电器。熔断器包括组成完整电器的所有部件。

熔断器是一种保护类电器，其熔体为保险丝（或片）。熔断器的外形如图 1-35 所示，其图形和文字符号如图 1-36 所示。在使用中，熔断器串联在被保护的电路中，当该电路中发生严重过载或短路故障时，如果通过熔体的电流达到或超过了某一定值，而且时间足够长，在熔体上产生的热量会使熔体温度升高到熔体金属的熔点，导致熔体自行熔断，并切断故障电流，以达到保护目的。

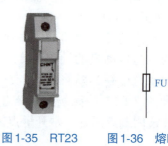

图 1-35　RT23
熔断器

图 1-36　熔断器的
图形和文字符号

这样，利用熔体的局部损坏可保护整个线路中的电气设备，防止它们因遭受过多的热量或过大的电动力而损坏。从这一点来看，相对被保护的电路，熔断器的熔体是一个"薄弱环节"，以人为的"薄弱环节"来限制乃至消灭事故。

熔断器结构简单，使用方便，价格低廉，广泛用于低压配电系统中，主要用于短路保护，也常作为电气设备的过载保护元件。

1.5.1　熔断器的种类、结构和工作原理

（1）瓷插式熔断器　瓷插式熔断器指熔体靠导电插件插入底座的熔断器。这种熔断器由瓷盖、瓷底座、动触点、静触点及熔丝组成，如图1-37所示。熔断器的电源线和负载线分别接在瓷底座两端静触点的接线桩上，熔体接在瓷盖两端的动触点上，中间经过凸起的部分，如果熔体熔断，产生的电弧被凸起部分隔开而迅速熄灭。较大容量熔断器的灭弧室中还垫有熄灭电弧用的石棉织物。这种熔断器结构简单，使用方便，价格低廉，广泛用于照明电路和小功率电动机的短路保护。常用型号为RC1A系列。

（2）螺旋式熔断器　螺旋式熔断器是指带熔体的载熔件借助螺纹旋入底座而固定于底座的熔断器，其外形如图1-38所示。熔体的上端盖有一个熔断指示器，一旦熔体熔断，指示器会马上弹出，可透过瓷帽上的玻璃孔观察到。常见的有RL1、RL5、RL6和RS0等系列。这类熔断器由于体积较大，在低压电气柜中已经较少使用。

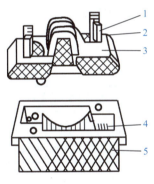

图 1-37　瓷插式熔断器

1—动触点；2—熔丝；3—瓷盖；4—静触点；5—瓷底

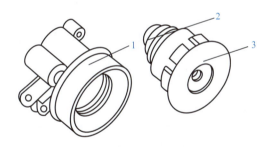

图 1-38　螺旋式熔断器

1—瓷底；2—熔芯；3—瓷帽

（3）封闭式熔断器　封闭式熔断器是指熔体封闭在熔管内的熔断器，如图1-39所示。封闭式熔断器分为有填料封闭式熔断器和无填料封闭式熔断器两种。有填料封闭式熔断器一般用瓷管制成，内装石英砂及熔体，分断能力强，用于电压等级500V以下、电流等级1kA以下的电路中。无填料封闭式熔断器将熔体装入封闭式筒中，如图1-40所示，分断能力稍小，用于500V以下、600A以下的电力网或配电设备中。常见的无填料封闭式熔断器有RM10系列。常见的有填料封闭式熔断器有RT10、RS0等系列。

（4）快速熔断器　快速熔断器主要用于半导体整流元件或整流装置的短路保护。由于半导体元件的过载能力很低，只能在极短时间内承受较大的过载电流，因此要求用于短路保护的熔断器具有快速熔断的能力。

图 1-39　封闭式熔断器

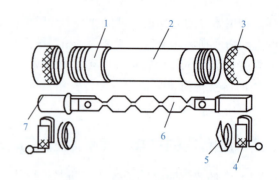

图 1-40　无填料封闭式熔断器

1—黄铜管；2—绝缘管；3—黄铜帽；4—夹座；5—瓷盖；6—熔体；7—触刀

1.5.2　熔断器的技术参数

（1）额定电压　额定电压指熔断器长期工作时和分断后能够承受的电压，其数值一般等于或大于电气设备的额定电压。

（2）额定电流　额定电流指熔断器长期工作时，设备部件温升不超过规定值时所能承受的电流。厂家为了减少熔断器管额定电流的规格，熔断器管的额定电流等级比较少，而熔体的额定电流等级比较多，即在一个额定电流等级的熔断器管内可以分装几个额定电流等级的熔体，但熔体的额定电流最大不能超过熔断器管的额定电流。RT23 系列熔断器的主要技术参数见表1-8，其型号的含义如图1-41所示。

表1-8　RT23系列熔断器的主要技术参数

型　　号	熔断器额定电流/A	熔体额定电流/A
RT23-16	16	2、4、6、8、10、16
RT23-63	63	10、16、20、25、32、40、50、63

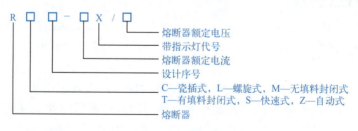

图 1-41　熔断器型号的含义

1.5.3　熔断器的选用

选择熔断器主要是选择熔断器的类型、额定电压、额定电流及熔体的额定电流。熔断器的额定电压应大于或等于线路的工作电压。熔断器的额定电流应大于或等于熔体的额定电流。

下面详细介绍一下熔体的额定电流的选择。

① 用于保护照明或电热设备的熔断器。因为负载电流比较稳定，所以熔体的额定电流应等于或稍大于负载的额定电流，即 $I_{re} \geq I_N$。式中，I_{re} 为熔体的额定电流，I_N 为负载的额定电流。

② 用于保护单台长期工作电动机（即供电支线）的熔断器，考虑电动机起动时不应熔断，即 $I_{re} \geq (1.5 \sim 2.5) I_N$。式中，$I_{re}$ 为熔体的额定电流；I_N 为电动机的额定电流；当轻载起动或起动时间比较短时，系数可以取1.5，当带重载起动或起动时间比较长时，系数可以取2.5。

③ 用于保护频繁起动电动机（即供电支线）的熔断器，考虑频繁起动时发热，熔断器也不应熔断，即 $I_{re} \geq (3 \sim 3.5) I_N$。式中，$I_{re}$ 为熔体的额定电流；I_N 为电动机的额定电流。

1.5.4　选择熔断器的注意事项

① 熔断器额定电流和熔体额定电流是不同的概念。

② 熔断器的安装位置及相互间的距离应便于更换熔体。在安装螺旋式熔断器时，必须注意将电源接到瓷底座的下线端，以保证安全。

③ 熔芯的指示器应装在便于观察的一侧。在运行中应经常检查熔断器的指示器，以便及时发现电路单相运行情况。若发现瓷底座有沥青类物质流出，说明熔断器接触不良，温升过高，应及时处理。

【例1-11】一个电路上有一台不频繁起动的三相异步电动机，无反转和反接制动，轻载起动，此电动机的额定功率为2.2kW，额定电压为380V，请选用合适的熔断器（不考虑熔断器的外形）。

【答】在电路中的相电流为

$$I_a = \frac{P_1}{\sqrt{3} \times U_{ab} \times \cos\varphi \times \eta} = \frac{2200}{1.732 \times 380 \times 0.85 \times 0.85} \approx 4.6 \,(A)$$

这里的 I_a 即为 I_N。

因为电动机轻载起动，而且无反转和反接制动，所以熔体额定电流为

$$I_{re} = 2 \times I_N = 2 \times 4.6 = 9.2 \,(A)$$

取熔体的额定电流为10A。

又因为熔断器的额定电流必须大于或等于熔体的额定电流，可选取熔断器的额定电流为32A，确定熔断器的型号为RT18-32/10。

案例 1-4　——— CA6140A车床的熔断器的选用 ———

任务描述

CA6140A 车床的快速电动机的功率为275W，请选用合适的熔断器。

解题步骤

在电路中的相电流为

$$I_a = \frac{P_1}{\sqrt{3} \times U_{ab} \times \cos\varphi \times \eta} = \frac{275}{1.732 \times 380 \times 0.85 \times 0.85} \approx 0.58\,(\mathrm{A})$$

这里的 I_a 即为 I_N。

因为电动机经常起动，而且无反转和反接制动，熔体额定电流为

$$I_{re} = 3.5 \times I_N = 3.5 \times 0.58 = 2.03\,(\mathrm{A})$$

取熔体的额定电流为4A。

又因为熔断器的额定电流必须大于或等于熔体的额定电流，可选取熔断器的额定电流为16A，确定熔断器的型号为RT23-16/4。

1.6　主令电器

在控制系统中，主令电器（master switch）是用作闭合或断开控制电路，以发出指令或作为程序控制的开关电器。它一般用于控制接触器、继电器或其他电气线路，从而使电路接通或者分断，来实现对电力传输系统或者生产过程的自动控制。

主令电器应用广泛，种类繁多，按照其作用分类，常用的主令电器有控制按钮、行程开关、接近开关、万能转换开关、主令控制器及其他主令电器（如脚踏开关、倒顺开关、紧急开关、钮子开关等）。本节只介绍控制按钮、接近开关和行程开关。

1.6.1　按钮

按钮又称控制按钮（push-button），是通过人体某一部分（通常为手指或手掌）施加力而操作的操动器，并具有储能（弹簧）复位的控制开关。它是一种短时间接通或者断开小电流电路的手动控制器。

（1）按钮的功能　按钮是一种结构简单、应用广泛的手动主令电器，一般用于发出起动或停止指令，它可以与接触器或继电器配合，对电动机等实现远距离的自动控制，用于实现控制线路的电气联锁。按钮的图形及文字符号如图1-42所示。

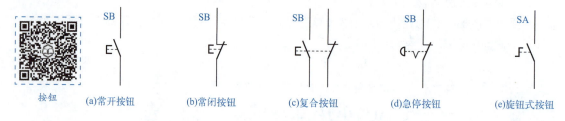

(a)常开按钮　　(b)常闭按钮　　(c)复合按钮　　(d)急停按钮　　(e)旋钮式按钮

图1-42　按钮的图形及文字符号

在电气控制线路中，常开按钮常用于起动电动机，也称起动按钮；常闭按钮常用于控制电动机停车，也称停车按钮；复合按钮用于联锁控制电路中。

（2）按钮的结构和工作原理　如图1-43所示，控制按钮由按钮帽、复位弹簧、桥式触点、外壳等组成，通常做成复合式，即具有常闭触点和常开触点，不施加外力就接通的触点称为常闭触点（也称为动断触点），不施加外力就断开的触点称为常开触点（也称为动合触

点）。当按下按钮时，先断开常闭触点，后接通常开触点；当按钮释放后，在复位弹簧的作用下，按钮触点自动复位的先后顺序相反。通常，在无特殊说明的情况下，有触点电器的触点动作顺序均为"先断后合"。按钮的外形如图1-44所示，图中从左到右依次为：普通按钮、旋钮式按钮（俗称旋转开关）、急停按钮、钥匙按钮和带灯按钮。

图1-43　按钮原理图　　　　　　　　　　　　图1-44　按钮

1—按钮帽；2—复位弹簧；3—动触点；4—常

　开触点的静触点；5—常闭触点的静触点

（3）按钮的典型产品　常用的控制按钮有LA2、LAY3、LA18、LA19、LA20、LA25、LA39、LA81、COB、LAY1和SFAN-1系列。其中，SFAN-1系列为消防打碎玻璃按钮，LA2系列为仍在使用的老产品，新产品有LA18、LA19、LA20和LA39等系列。其中，LA18系列采用积木式结构，触点可按需要拼装成6个常开、6个常闭，而在一般情况下装成2个常开、2个常闭。LA19、LA20系列有带指示灯和不带指示灯两种，前者的按钮帽用透明塑料制成，兼作指示灯罩。COB系列按钮具有防雨功能。LAY3系列按钮的主要技术参数见表1-9，其型号含义如图1-45所示。

表1-9　LAY3系列按钮的主要技术参数

型　　号	额定电压/V		约定发热电流/A	额定工作电流		触点对数		结构形式
	交流	直流		交流	直流	常开触点	常闭触点	
LAY3-22	380	220	5			2	2	一般形式
LAY3-44	380	220	5			4	4	
LAY3-22M	380	220	5			2	2	蘑菇钮
LAY3-44M	380	220	5	380V，0.79A；220V，2.26A	220V，0.27A；110V，0.55A	4	4	
LAY3-22X2	380	220	5			2	2	二位旋钮
LAY3-22X3	380	220	5			2	22	三位旋钮
LAY3-22Y	380	220	5			2	2	钥匙钮
LAY3-44Y	380	220	5			4	4	

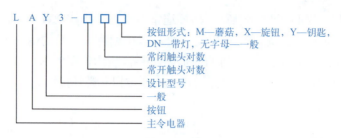

图 1-45　LAY3 系列按钮型号的含义

（4）按钮的选用　选择按钮的主要依据是使用场所、所需要的触点数量、种类及颜色。控制按钮在结构上有按钮式、紧急式、钥匙式、旋钮式和保护式 5 种。急停按钮装有蘑菇形的钮帽，便于紧急操作；旋钮式按钮常用于"手动/自动模式"转换；指示灯按钮则将按钮和指示灯组合在一起，用于同时需要按钮和指示灯的情况，可节约安装空间；钥匙式按钮用于重要的不常动作的场合。若将按钮的触点封闭于防爆装置中，还可构成防爆型按钮，适用于有爆炸危险、有轻微腐蚀性气体或有蒸汽的环境，以及有雨、雪和滴水的场合。因此，在矿山及化工部门广泛使用防爆型控制按钮。

急停和应急断开操作件应使用红色。起动/接通操作件颜色应为白、灰或黑色，优先用白色，也允许用绿色，但不允许用红色。停止/断开操作件应使用黑、灰或白色，优先用黑色，不允许用绿色，也允许选用红色，但靠近紧急操作件时建议不使用红色。作为起动/接通与停止/断开交替操作的按钮操作件的首选颜色为白、灰或黑色，不允许使用红、黄或绿色。对于按动它们即引起运转而松开它们则停止运转的按钮操作件，其首选颜色为白、灰或黑色，不允许用红、黄或绿色。复位按钮应为蓝、白、灰或黑色。如果它们还用作停止/断开按钮，最好使用白、灰或黑色，优先选用黑色，但不允许用绿色。

由于用颜色区分按钮的功能致使控制柜上的按钮颜色过于繁复，因此近年来又趋于流行不用颜色区分按钮的功能，而是直接在按钮下用标牌标注按钮的功能，不过"急停"按钮必须选用红色。按钮的颜色代码及其含义见表 1-10。

表 1-10　按钮的颜色代码及其含义

颜　色	含　义	说　明	应用示例
红	紧急	危险或紧急情况时操作	急停
黄	异常	异常情况时操作	干预制止异常情况，干预重新起动中断了的自动循环
绿	正常	起动正常情况时操作	
蓝	强制性	要求强制动作的情况下操作	复位
白			起动/接通（优先），停止/断开
灰	未赋予含义	除急停以外的一般功能的起动	起动/接通，停止/断开
黑			起动/接通，停止/断开（优先）

按钮的尺寸系列有 $\phi12$、$\phi16$、$\phi22$、$\phi25$ 和 $\phi30$ 等，其中，$\phi22$ 尺寸较常用。这个尺寸实际是按钮的直径，对于 $\phi22$ 的按钮，控制柜安装此按钮的开孔尺寸一般为 $\phi23$。

（5）应用注意事项

① 注意按钮颜色的含义。

② 在接线时，注意分辨常开触点和常闭触点。常开触点和常闭触点的区分可以采用肉眼观看方法，若不能确定，可用万用表欧姆挡测量。

【例1-12】CA6140A 车床上有主轴起动、急停按钮，请选择合适的按钮型号。

【答】主轴急停按钮可选择红色的急停按钮，并且只需要一对常闭触点，因此选用 LAY3-01M。主轴起动按钮可选用绿色的按钮，需要一对常开触点，因此选用 LAY3-10。

1.6.2　行程开关

在生产机械中，常需要控制某些运动部件的行程，如运动一定的行程后停止，或者在一定的行程内自动往复返回，这种控制机械行程的方式称为"行程控制"。

行程开关（travel switch）又称限位开关（limit switch），是用以反映工作机械的行程，发出命令以控制其运动方向或行程大小的开关。它是实现行程控制的小电流（5A以下）的主令电器。常见的行程开关有 LX1、LX2、LX3、LX4、LX5 等系列产品，行程开关外形如图 1-46 所示。LXK3 系列行程开关的主要技术参数见表 1-11。微动式行程开关的结构和原理与行程开关类似，其特点是体积小，其外形如图 1-47 所示。行程开关的图形及文字符号如图 1-48 所示，行程开关型号的含义如图 1-49 所示。

图 1-46　行程开关

表 1-11　LXK3 系列行程开关的主要技术参数

型　号	额定电流/V		额定控制功率/W		约定发热电流/A	触点对数		额定操作频率/（次/h）
	交流	直流	交流	直流		常开	常闭	
LXK3-11K	380	220	300	60	5	1	1	300
LXK3-11H	380	220	300	60	5	1	1	300

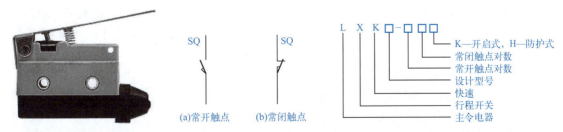

图 1-47　微动式行程开关　图 1-48　行程开关的图形及文字符号　图 1-49　行程开关型号的含义

（1）行程开关的功能　行程开关用于控制机械设备的运动部件行程及限位保护。在实际生产中，将行程开关安装在预先安排的位置，当安装在生产机械运动部件上的挡块撞击行程开关时，行程开关的触点动作，实现电路的切换。因此，行程开关是一种根据运动部件的行程位置而切换电路的电器，它的作用原理与按钮类似。行程开关广泛用于各类机床和起重机械，用以控制其行程，进行终端限位保护。在电梯的控制电路中，还利用行程开关来控制开关轿门的速度，实现自动开关门的限位和轿厢的上、下限位保护。

（2）行程开关的结构和工作原理　行程开关按其结构可分为直动式、滚轮式、微动式和组合式。

直动式行程开关的动作原理与按钮开关相同，但其触点的分合速度取决于生产机械的运行速度，不宜用于速度低于 0.4m/min 的场所。当行程开关没有受压时，如图 1-50（a）所示，常闭触点的接线端子 2 和共接线端子 1 之间接通，而常开触点的接线端子 4 和共接线端子 1 之间处于断开状态；当行程开关受压时，如图 1-50（b）所示，在拉杆和弹簧的作用下，常闭触点分断，接线端子 2 和共接线端子 1 之间断开，而常开触点接通，接线端子 4 和共接线端子 1 接通。行程开关的结构和外形多种多样，但工作原理基本相同。

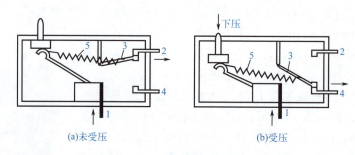

(a)未受压　　　　　　　　　(b)受压

图1-50　行程开关的原理图

1—共接线端子；2—常闭触点的接线端子；3—拉杆；4—常开触点的接线端子；5—弹簧

（3）应用注意事项　在接线时，注意分辨常开触点和常闭触点。

【例1-13】CA6140A 车床上有一个传动带罩，当传动带罩取下时，车床的控制系统断电，起保护作用，请选择一个行程开关。

【答】可供选择的行程开关很多，由于起限位作用，通常只需要一对常闭触点，因此选择 LXK3-11K 行程开关。

【例1-14】如何识别按钮、行程开关、热继电器、接触器或者中间继电器的触点是常开还是常闭？

【答】无论是哪种低压电器，识别其常开与常闭触点的方法基本是类似的，具体如下。

① 有的低压电器，如中间继电器或者按钮，壳体上有接线图，此接线图显示触点的类型。

② 用万用表的"欧姆挡"或者"通断挡"测量，在不施加外力时，电阻为 0（或近似为 0），施加外力后，电阻无穷大的为常闭触点，反之是常开触点。

③ 肉眼观察，如行程开关和部分按钮，在不施加外力时，肉眼能看到其一对常开触点处于分断状态，而常闭触点处于接通状态。

④ 部分按钮是透明的，红色的塑料附近是常闭触点，而绿色塑料附近是常开触点。

1.6.3 接近开关

接近开关

接近开关（proximity switch）是能够与运动部件无机械接触而动作的位置开关。

当运动的物体靠近接近开关到一定位置时，接近开关发出信号，达到行程控制及计数自动控制的目的。也就是说，接近开关是一种非接触式无触点的位置开关，是一种开关型的传感器，又称接近传感器（proximity sensor）。接近开关有行程开关、微动开关的特性，又有传感性能，而且动作可靠、性能稳定、频率响应快、使用寿命长、抗干扰能力强等。它由感应头、高频振荡器、放大器和外壳组成。常见的接近开关有LJ、CJ 和 SJ 等系列产品。接近开关的外形如图1-51所示，其图形符号如图1-52（a）所示，图1-52（b）所示为接近开关文字符号，表明接近开关为电容式接近开关，在画图时更加适用。

图 1-51　接近开关　　　　　　　　图 1-52　接近开关的图形及文字符号

（1）接近开关的功能　当运动部件与接近开关的感应头接近时，就使其输出一个电信号。接近开关在电路中的作用与行程开关相同，都是位置开关，起限位作用，但两者是有区别的：行程开关有触点，是接触式的位置开关；而接近开关是无触点的，是非接触式的位置开关。

（2）接近开关的分类和工作原理　按照工作原理区分，接近开关分为电感式、电容式、光电式和磁感式等形式。另外，根据应用电路电流的类型分为交流型和直流型。

① 电感式接近开关的感应头是一个具有铁氧体磁芯的电感线圈，只能用于检测金属物体，在工业中应用非常广泛。振荡器在感应头表面产生一个交变磁场，当金属接近感应头时，金属中产生的涡流吸收了振荡的能量，使振荡减弱以至停振，因而产生振荡和停振两种信号，这两种信号经整形放大器转换为二进制的开关信号，从而起到"开""关"的控制作用。通常把接近开关刚好动作时感应头与检测物体之间的距离称为动作距离。

② 电容式接近开关的感应头是一个圆形平板电极，与振荡电路的地线形成一个分布电容，当有导体或其他介质接近感应头时，电容量增大而使振荡器停振，经整形放大器转换后输出电信号。电容式接近开关既能检测金属，又能检测非金属及液体。电容式接近开关体积较大，而且价格要贵一些。

③ 磁感式接近开关主要指霍尔接近开关。霍尔接近开关的工作原理是霍尔效应，当带磁性的物体靠近霍尔开关时，霍尔接近开关的状态翻转（如由"ON"变为"OFF"）。有的资料上将干簧继电器也归类为磁感式接近开关。

④ 光电式传感器是根据投光器发出的光在检测体上发生光量增减，用光电变换元件组成的受光器检测物体有无、大小的非接触式控制器件。光电式传感器的种类很多，按照其输出信号的形式，可以分为模拟式、数字式、开关量输出式。其中，输出形式为开关量输出式的传感器为光电式接近开关。

光电式接近开关主要由光发射器和光接收器组成。光发射器用于发射红外光或可见光。

光接收器用于接收发射器发射的光，并将光信号转换成电信号，以开关量形式输出。

按照接收器接收光的方式不同，光电式接近开关可以分为对射式、反射式和漫射式三种。光发射器和光接收器有一体式和分体式两种形式。

⑤ 此外，还有特殊种类的接近开关，如光纤接近开关和气动接近开关。特别是光纤接近开关在工业上使用越来越多，非常适合在狭小的空间、恶劣的工作环境（高温、潮湿和干扰大）、易爆环境、高精度要求等条件下使用。光纤接近开关的问题是价格相对较高。

（3）接近开关的选型　常用的接近开关的选择要遵循以下原则。

① 接近开关类型的选择。检测金属时优先选用电感式接近开关，检测非金属时选用电容式接近开关，检测磁信号时选用磁感式接近开关。

② 外观的选择。根据实际情况选用，但圆柱螺纹形状的最为常见。

③ 检测距离（sensing range）的选择。根据需要选用，但注意同一接近开关检测距离并非恒定，接近开关的检测距离与被检测物体的材料、尺寸以及物体的移动方向有关。表 1-12 列出了目标物体材料对检测距离的影响。不难发现，电感式接近开关对于有色金属的检测明显不如检测钢和铸铁。常用的金属材料不影响电容式接近开关的检测距离。

表1-12　目标物体材料对检测距离的影响

目标物体材料	影 响 系 数	
	电 感 式	电 容 式
碳素钢	1	1
铸铁	1.1	1
铝箔	0.9	1
不锈钢	0.7	1
黄铜	0.4	1
铝	0.35	1
紫铜	0.3	1
玻璃	0	0.5

目标的尺寸同样对检测距离有影响。满足以下任意一个条件时，检测距离不受影响。

● 当检测距离的 3 倍大于接近开关感应头的直径，而且目标物体的尺寸大于或等于 3 倍的检测距离 ×3 倍的检测距离（长 × 宽）。

● 当检测距离的 3 倍小于接近开关感应头的直径，而且目标物体的尺寸大于或等于检测距离 × 检测距离（长 × 宽）。

如果目标物体的面积达不到推荐数值，接近开关的有效检测距离将按照表 1-13 推荐的数值减少。

表1-13　目标物体的面积对检测距离的影响

占推荐目标面积的比例	影 响 系 数	占推荐目标面积的比例	影 响 系 数
75%	0.95	25%	0.85
50%	0.90		

④ 信号的输出选择。交流接近开关输出交流信号，而直流接近开关输出直流信号。注意，负载的电流一定要小于接近开关的输出电流，否则应添加转换电路解决。接近开关的信号输出能力见表1-14。

表1-14 接近开关的信号输出能力

接近开关种类	输出电流/mA	接近开关种类	输出电流/mA
直流二线制	50～100	直流三线制	150～200
交流二线制	200～350		

⑤ 触点数量的选择。接近开关有常开触点和常闭触点，可根据具体情况选用。

⑥ 开关频率的确定。开关频率是指接近开关每秒从"开"到"关"转换的次数。直流接近开关可达200Hz；而交流接近开关要小一些，只能达到25Hz。

⑦ 额定电压的选择。对于交流型的接近开关，优先选用220V AC和36V AC，而对于直流型的接近开关，优先选用12V DC和24V DC。

（4）应用接近开关的注意事项

① 单个NPN型和PNP型接近开关的接线。在直流电路中使用的接近开关有二线式（2根导线）、三线式（3根导线）和四线式（4根导线）等多种，二线、三线、四线式接近开关都有NPN型和PNP型两种，通常日本和美国多使用NPN型接近开关，欧洲多使用PNP型接近开关，而我国则二者都有应用。NPN型和PNP型接近开关的接线方法不同，正确使用接近开关的关键就是正确接线，这一点至关重要。

接近开关的导线有多种颜色，一般BN表示棕色的导线，BU表示蓝色的导线，BK表示黑色的导线，WH表示白色的导线，GR表示灰色的导线，根据国家标准，各颜色导线的作用按照表1-15定义。对于二线式NPN型接近开关，棕色线与负载相连，蓝色线与零电位点相连；对于二线式PNP型接近开关，棕色线与高电位相连，负载的一端与接近开关的蓝色线相连，而负载的另一端与零电位点相连。图1-53和图1-54所示分别为二线式NPN型接近开关接线图和二线式PNP型接近开关接线图。

表1-15 接近开关的导线颜色定义

种 类	功 能	接线颜色	端 子 号
交流二线式和直流二线式（不分极性）	NO	不分正负极，颜色任选，但不能为黄色、绿色或者黄绿双色	3、4
	NC		1、2
直流二线式（分极性）	NO	正极棕色，负极蓝色	1、4
	NC	正极棕色，负极蓝色	1、2
直流三线式（分极性）	NO	正极棕色，负极蓝色，输出黑色	1、3、4
	NC	正极棕色，负极蓝色，输出黑色	1、3、2
直流四线式（分极性）	正极	棕色	1
	负极	蓝色	3
	NO	黑色	4
	NC	白色	2

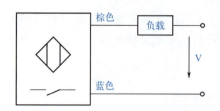
图1-53　二线式NPN型接近开关接线图

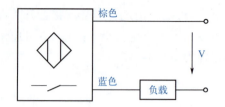
图1-54　二线式PNP型接近开关接线图

表1-15中的"NO"表示常开输出，而"NC"表示常闭输出。

对于三线式NPN型接近开关，棕色的导线与负载一端相连，同时与电源正极相连；黑色的导线是信号线，与负载的另一端相连；蓝色的导线与电源负极相连。对于三线式PNP型接近开关，棕色的导线与电源正极相连；黑色的导线是信号线，与负载的一端相连；蓝色的导线与负载的另一端及电源负极相连，如图1-55和图1-56所示。

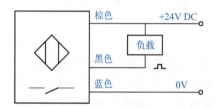
图1-55　三线式NPN型接近开关接线图

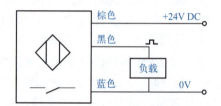
图1-56　三线式PNP型接近开关接线图

四线式接近开关的接线方法与三线式接近开关类似，只不过，四线式接近开关多了一对触点，其接线图如图1-57和图1-58所示。

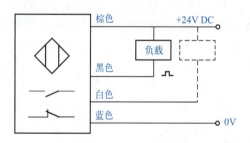
图1-57　四线式NPN型接近开关接线图

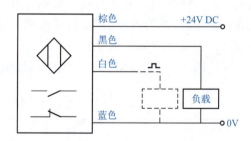
图1-58　四线式PNP型接近开关接线图

② 单个NPN型和PNP型接近开关的接线常识。初学者经常不能正确区分NPN型和PNP型的接近开关，其实只要记住一点：PNP型接近开关是正极开关，也就是信号从接近开关流向负载；而NPN型接近开关是负极开关，也就是信号从负载流向接近开关。

【例1-15】在图1-59中，有一只NPN型接近开关与指示灯相连，当一个铁块靠近接近开关时，回路中的电流会怎样变化？

【答】指示灯就是负载，当铁块到达接近开关的感应区时，回路突然接通，指示灯由暗变亮，电流从很小变化到100%的幅度，电流曲线如图1-60所示（理想状况）。

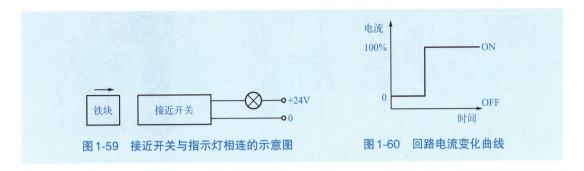

图 1-59　接近开关与指示灯相连的示意图　　　图 1-60　回路电流变化曲线

【例 1-16】某设备用于检测玻璃物块，当检测物块时，设备上的额定电压为 24V DC，功率为 12W 的报警灯亮，请选用合适的接近开关，并画出原理图。

【答】因为检测物体的材料是玻璃，所以不能选用电感式接近开关，但可选用电容式接近开关。报警灯的额定电流为 $I_N = \dfrac{P}{U} = \dfrac{12}{24} = 0.5$（A），查表 1-14 可知，直流接近开关承受的最大电流为 0.2A，所以采用图 1-56 的方案不可行，信号必须进行转换，原理图如图 1-61 所示，当物块靠近接近开关时，黑色的信号线上产生高电平，其负载继电器 KA 的线圈得电，继电器 KA 的常开触点闭合，所以报警灯 HL 亮。

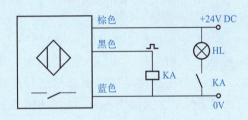

图 1-61　原理图

由于没有特殊规定，所以 PNP 或 NPN 型接近开关以及二线或三线式接近开关都可以选用。本例选用三线式 PNP 型接近开关。

1.7　其他电器

1.7.1　变压器

变压器（transformer）是一种将某一数值的交流电压变换为频率相同但数值不同的交流电压的静止电器。

（1）控制变压器　常用的控制变压器有 JBK、BKC、R、BK、JBK5 等系列，其中，JBK 系列是机床控制变压器，适用于交流 50～60Hz，输入电压不超过 660V 的电路；BK 系列控制变压器适用于交流 50～60Hz 的电路中，作为机床和机械设备中一般电器的控制电源、局部照明及指示电源。JBK5 系列是引进德国西门子公司的产品。

现在普遍采用的三相交流系统中，三相电压的变换可用 3 台单相变压器，也可用 1 台三相变压器，从经济性和缩小安装体积等方面考虑，可优先选择三相变压器。图 1-62 所示为变压器图形及文字符号，三相变压器外形如图 1-63 所示。

（2）控制变压器的选用　选择变压器的主要依据是变压器的额定值。根据设备的需要，变压器有标准和非标准两类。下面只介绍标准变压器的选择方法。

(a) 双绕组变压器　(b) 绕组上有抽头变压器　(c) 星形-三角形连接变压器

图1-62　变压器图形及文字符号

图1-63　三相变压器

① 根据实际情况选择一次侧额定电压 U_1（380V，220V），再选择二次侧额定电压 U_2、$U_3 \cdots U_n$，二次侧额定值是指一次侧加额定电压时二次侧的空载输出，二次侧带有额定负载时输出电压下降5%，因此选择输出额定电压时应略高于负载额定电压。

② 根据实际负载情况，确定次级绕组额定电流 I_2、$I_3 \cdots I_n$。一般绕组的额定输出电流应大于或等于额定负载电流。

③ 二次侧额定功率由总功率确定。总功率的算法如下：

$$P_2 = U_2 I_2 + U_3 I_3 + U_4 I_4 + \cdots + U_n I_n$$

根据二次侧电压、电流（或总功率）可选择变压器，三相变压器也是按以上方法进行选择的。控制变压器型号的含义如图1-64所示，JBK 变压器的主要技术参数见表1-16。

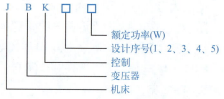

图1-64　控制变压器型号的含义

表1-16　JBK 变压器的主要技术参数

额定功率/W	各绕组功率分配/W		
	控制电路	照明电路	指示电路
160	160		
	90	60	10
	100	60	

【例1-17】CA6140A 车床上有额定电压为24V、额定功率为40W的照明灯一盏，以及额定电压为24V的控制电路，据估算，控制电路的功率不大于60W，请选用一个合适的变压器（可以不考虑尺寸）。

【答】二次侧额定功率由总功率确定，总功率为

$$P_2 = U_2 I_2 + U_3 I_3 = 100W$$

一次侧线圈电压为380V，二次侧线圈电压为24V和24V。具体型号为JBK2-160，其中，照明电路分配功率60W，控制电路分配功率100W。

1.7.2　直流稳压电源

直流稳压电源（power）的功能是将非稳定交流电源变成稳定直流电源，其图形和文字符号如图1-65所示。在自动控制系统中，特别是数控机床系统中，需要稳压电源给步进驱动器、伺服驱动器、控制单元（如PLC或CNC等）、小直流继电器、信号指示灯等提供直流电源，而且直流稳压电源的好坏在一定的程度上决定着控制系统的稳定性好坏。

（1）开关电源　开关电源被称作高效节能电源。因为内部电路工作在高频开关状态，所以自身消耗的能量很低，电源效率可达80%左右，比普通线性稳压电源提高近一倍，其外形如图1-66所示。目前生产的无工频变压器式开关电源和小功率开关电源中，仍普遍采用脉冲宽度调制器（简称脉宽调制器，PWM）或脉冲频率调制器（简称脉频调制器，PFM）专用集成电路。它们利用体积很小的高频变压器来实现电压变化及电网隔离，因此能省掉体积笨重且损耗较大的工频变压器。

开关电源外形如图1-66所示，常用的有两种，图1-66的左侧的是机壳式开关电源，右侧是导轨式开关电源。导轨式开关电源可安装在DIN35导轨上（与继电器和接触安装方式相同），十分方便。

开关电源具有效率高、允许输入电压宽、输出电压纹波小、输出电压小幅度可调（一般调整范围为±10%）和具备过流保护功能等优点，因而得到了广泛的应用。

（2）电源的选择　在选择电源时需要考虑的问题主要有输入电压范围、电源的尺寸、电源的安装方式和安装孔位、电源的冷却方式、电源在系统中的位置及走线、环境温度、绝缘强度、电磁兼容、环境条件和纹波噪声。

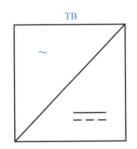

图1-65　直流稳压电源的图形和文字符号

图1-66　开关电源

① 电源的输出功率和输出路数。为了提高系统的可靠性，一般选用的电源工作在50%～80%负载范围内为佳。由于所需电源的输出电压路数越多，挑选标准电源的机会就越小，同时增加输出电压路数会带来成本的增加，因此目前多电路输出的电源以三路、四路输出较为常见。所以，在选择电源时应该尽量选用多路输出共地的电源。

② 应选用厂家的标准电源，包括标准的尺寸和输出电压。标准的产品价格相对便宜，质量稳定，而且供货期短。

③ 输入电压范围。以交流输入为例，常用的输入电压规格有110V、220V和通用输入电压（AC 85～264V）3种规格。在选择输入电压规格时，应明确系统将会用到的地区，如果要出口美国、日本等市电为交流110V的国家，可以选择交流110V输入的电源，而只在国内使用时，可以选择交流220V输入的电源。

④ 散热。电源在工作时会消耗一部分功率，并且产生热量释放出来，所以用户在进行

系统（尤其是封闭的系统）设计时应考虑电源的散热问题。如果系统能形成良好的自然对流风道且电源位于风道上，可以考虑选择自然冷却的电源；如果系统的通风比较差，或者系统内部温度比较高，则应选择风冷式电源。另外，选择电源时还应考虑电源的尺寸、工作环境、安装形式和电磁兼容等因素。

【例1-18】某一电路有10只电压为+12V、功率为1.8W的直流继电器和5只电压为5V、功率为0.8W的直流继电器，请选用合适的电源（不考虑尺寸和工作环境等）。

【答】选择输入电压为220V，输出电压为+5V、+12V和−12V三路输出。设总功率为 P，则有

$$P=P_1+P_2=1.8\times10+0.8\times5=22（W）$$

因为一般选用的电源工作在50%～80%负载范围内，所以电源功率应该不小于1.25倍的 P，即不小于27.5W，最后选择T-30B开关电源，功率为30W。

1.7.3 导线和电缆

工业现场主要有3种常见的导线（electric wire）：动力线、控制线、信号线。与此相对应有3种类型的电缆。导线和电缆的选择应考虑工作条件，如电压、电流和电击的防护，以及可能存在的外界影响，如环境温度、湿度或存在腐蚀物质、燃烧危险和机械应力（包括安装期间的应力）。因而导线的横截面积、材质（铜或铝等）、绝缘材料都是设计时需要考虑的，可以参照相关手册。

（1）导线的分类　导线一般分为4类，其用途见表1-17。

表1-17 导线的分类

类别	说明	用途
1	铜或铝截面的硬线，截面积一般至少为16mm²	用于无振动的固定安装
2	铜或铝的绞芯线，截面积一般大于16mm²	
5	多股细铜绞合线	用于有机械振动的安装，连接移动部件
6	多股极细铜软线	用于频繁移动

（2）正常工作时的载流容量　一般情况下，导线是铜质的。任何其他材质的导线都应具有承载相同电流的标称截面积，导线最高温度不应超过规定的值。如果用铝导线，截面积应至少为16mm²。

导线和电缆的载流容量由两个因素来确定：一是在正常条件下，通过最大可能的稳态电流或间歇负载的热等效均方根值电流时导线的最高允许温度；二是在短路条件下，允许的短时极限温度。在稳态情况下环境温度为40℃时，设备电柜与单独部件之间用PVC绝缘线布线的载流容量规定见表1-18。

（3）导线的颜色标志

① 保护导线（PE）必须采用黄绿双色。

② 动力电路的中线（N）和中间线（M）必须是浅蓝色。

表1-18　PVC绝缘铜导线或电缆的载流容量I_z

截面积/mm²	载流容量I_z/A			
	用导线管和电缆管道装置放置和保护导线（单芯电缆）	用导线管和电缆管道装置放置和保护导线（多芯电缆）	没有导线管和电缆管道，电缆悬挂在壁侧	电缆水平或垂直装在开式电缆托架上
0.75	7.6			
1.0	10.4	9.6	12.6	11.5
1.5	13.5	12.2	15.2	16.1
2.5	18.5	16.5	21	22
4	25	23	28	30

③ 交流或直流动力电路应采用黑色。

④ 交流控制电路采用红色。

⑤ 直流控制电路采用蓝色。

⑥ 用作控制电路联锁的导线，如果是与外边控制电路连接，而且当电源开关断开仍带电时，应采用橘黄色或黄色。

⑦ 与保护导线连接的电路采用白色。

（4）环保电缆（绿色电缆）　环保电缆是指不含铅、镉、六价铬、汞等重金属，不含溴系阻燃剂，经第三方检测机构对环保性能的测试，符合欧盟《关于限制在电子电气设备中使用某些有害成分的指令》（RoSH）且高于其指标要求。不产生有害的卤素气体，不产生腐蚀性气体，燃烧时发烧量少，不污染土壤的电线电缆。选型时，应尽量选用环保电缆。

【例1-19】有一个照明电路，总输出功率为1.5kW，请选用一种合适的电缆。

【答】

① 照明电路额定电压为220V。

② 此照明电路相电流为

$$I_a = \frac{P}{U \times \cos\varphi} = \frac{1500}{220 \times 0.85} \approx 8.0 \, (A)$$

可选择载流量$I_z>8.0$A的电缆，查表1-18可知，截面积为1mm²的单芯铜电缆的载流容量$I_z=10.4$A满足要求。

注意：家用照明电路通常采用截面积为1.5mm²的单芯铜电缆。

案例 1-5 ——— CA6140A车床的动力电缆的选用 ———

任务描述

CA6140车床的主电动机的额定电压为380V，额定功率为7.5kW，请为电动机的动力线选用合适的电缆。

解题步骤

电路中的相电流为

$$I_a = \frac{P}{\sqrt{3} \times U_{ab} \times \cos\varphi \times \eta} = \frac{7500}{1.732 \times 380 \times 0.85 \times 0.85} \approx 15.8\,(\text{A})$$

查表 1-18 可知，截面积为 2.5mm^2 的单芯电缆可用作主电动机的动力线。

1.7.4　指示灯

指示灯（indicator light）是用亮信息或暗信息来提供光信号的灯，具体作用如下。

① 指示，引起操作者注意或指示操作者应该完成某种任务。红、黄、绿和蓝色通常用于这种方式。

② 确认，用于确认一种指令、一种状态或情况，或者用于确认一种变化或转换阶段的结束。蓝色和白色通常用于这种方式，某些情况下也可用绿色。

图 1-67 所示为指示灯外形图，图 1-68 所示为指示灯的图形及文字符号。指示灯型号的含义如图 1-69 所示。指示灯的颜色应符合表 1-19 的要求。

图 1-67　指示灯

图 1-68　指示灯的图形及文字符号

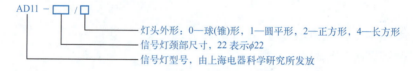

图 1-69　指示灯型号的含义

表 1-19　指示灯颜色的含义

颜　色	含　义	说　明	操作者的动作
红	紧急	危险情况	立即动作处理危险
黄	异常	异常情况、紧急	监视或干预
绿	正常	正常	任选
蓝	强制性	必须遵守的指令信号或强制性要求	强制性动作
白	无确定性质	其他情况	监视

【例1-20】为CA6140A车床选择一盏合适的电源指示灯，已知控制电路的电压为AC 24V。

【答】选定的型号为AD11-22/0。信号灯颈部尺寸ϕ22最为常见，所以颈部尺寸选定为ϕ22；电源指示灯外形没有特殊要求，所以选为球形；红色比较显眼，故颜色定为红色；控制电路的电压为AC 24V，所以指示灯的额定电压也为AC 24V。

1.7.5 接线端子

接线端子（terminal）是用来与外部电路进行电气连接的电器导电部分。接线端子的种类、规格非常多，现列举常用的JH9系列。JH9接线端子如图1-70所示，其主要技术参数见表1-20。

图1-70 一种JH9接线端子

表1-20 JH9接线端子的主要技术参数

型　　号	外形尺寸/mm			连接导线范围/mm^2	额定电流/A	接线螺钉
	长　　度	宽　　度	厚　　度			
JH9-1.5	32	32.4	8	0.75~1.5	17.5	M3
JH9-2.5	40	35	11	1.0~2.5	24	M4

【例1-21】CA6140A车床有多个接线端子，请为控制线路选用合适的接线端子。

【答】控制线路的电流一般都较小，从前面的讲述可知，控制电路选用的电线截面积为1mm^2，因此选用JH9-1.5和JH9-2.5都可以，但JH9-1.5更合适。

1.7.6 起动器

起动器（starter）是一种起动和停止电机所需的所有开关电器与适当的过载保护电器组合的电器。除了少数手动起动器外，一般由接触器、热继电器、控制按钮等电气元件按照一定的方式组合而成，并具有过载、失压等保护功能，其中电磁起动器应用最为广泛。

（1）起动器的分类 按照起动方法分类，起动器有直接起动和减压起动两大类。其中，减压起动器又分为星形-三角形起动器、自耦减压起动器、电抗减压起动器、电阻减压起动器和延边三角形起动器。按照用途分类，起动器可分为可逆电磁起动器和不可逆电磁起动器。此外，还有其他的分类方法。

（2）软起动器　软起动器是一种用来控制笼型异步电动机的新型设备，是集电动机软起动、软停车、轻载节能和多种保护功能于一体的新型电动机控制设备，外形如图1-71所示。它串接在电源和电动机之间，能通过限制电动机的起动转矩、起动电流以及控制停车，为所拖动的机械装置提供完善的控制和保护，具有无冲击电流、软停车、起动参数可调等特点，它还能在三相笼型异步电动机轻载运行时提供节能方式，从而节约能源，因此应用越来越广泛。固态起动器（solid state starter，SSS）也是一种软起动器。

软起动器常用于风机的起动，起动过程中使用软起动器，当起动完成后，软起动器从主回路中移除，如图1-72所示。

图 1-71　软起动器外形

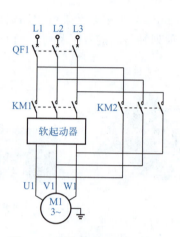

图 1-72　软起动器主回路图

 习题

习题 1

第**2**章

继电接触器控制电路

┃ 学习目标 ┃

- 掌握电气原理图的识读方法。
- 掌握继电接触器控制电路的基本控制规律。
- 掌握三相异步电动机的起动、正/反转、制动与调速。
- 掌握直流电动机的起动、正/反转、制动与调速。
- 了解单相异步电动机的起动、正/反转与调速。
- 掌握电气控制系统常用的保护环节。

  继电接触器控制系统是应用最早的控制系统。它具有结构简单、易于掌握、维护和调整简便、价格低廉等优点，获得了广泛的应用。不同机器设备的电气控制系统具有不同的电气控制线路，但是任何复杂的电气控制线路都是由基本的控制环节组合而成的，在进行控制线路的原理分析和故障判断时，一般都是从这些基本的控制环节入手。因此，掌握这些基本的控制原则和控制环节对学习电气控制线路的工作原理和维修是至关重要的。本章着重介绍交流和直流电动机的起动、正/反转、制动和调速控制。

2.1 电气控制线路图

  常用的电气控制线路图有电气原理图、电气布置图与安装接线图，下面简单介绍其中的电气原理图。

  （1）电气原理图的用途 电气原理图是表示系统、分系统、成套装置、设备等实际电路以及各电气元器件中导线的连接关系和工作原理的图。绘制电气原理图时不必考虑其组成项目的实体尺寸、形状或位置。电气原理图为了解电路的作用、编制接线文件、测试、查找故障、安装和维修提供了必要的信息。

  （2）电气原理图的内容 电气原理图应包含代表电路中元器件的图形符号、元器件或功能件之间的连接关系、参照代号、端子代号、电路寻迹（信号代号、位置索引标记）和了解功能件必需的补充信息。通常主回路或其中一部分采用单线表示法。

  电气原理图结构简单，层次分明，关系明确，适用于分析研究电路的工作原理，并且作为其他电气图的依据，在设计部门和生产现场获得了广泛的应用。

  （3）绘制电气原理图的原则 现以图2-1所示的电动机起/停控制电气原理图为例来阐

明绘制电气原理图的原则。

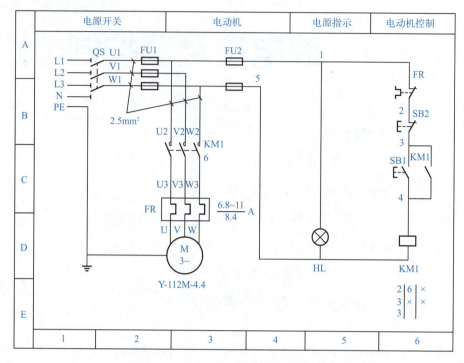

图2-1　电动机起/停控制电气原理图

① 电气原理图的绘制标准。电气原理图中所有的元器件都应采用国家统一规定的图形符号和文字符号。

② 电气原理图的组成。电气原理图由主电路和辅助电路组成。主电路是从电源到电动机的电路，其中有电源开关、熔断器、接触器主触点、热继电器发热元器件与电动机等。主电路用粗线绘制在电气原理图的左侧或上方。辅助电路包括控制电路、照明电路、信号电路及保护电路等。它们由继电器与接触器的电磁线圈、继电器与接触器的辅助触点、控制按钮、其他控制元器件触点、熔断器、信号灯及控制开关等组成，用细实线绘制在电气原理图的右侧或下方。

③ 电源线的画法。电气原理图中直流电源用水平线画出，一般直流电源的正极画在电气原理图的上方，负极画在电气原理图的下方。三相交流电源线集中水平画在电气原理图的上方，相序自上而下按照L1、L2、L3排列，中性线（N线）和保护接地线（PE线）排在相线之下。主电路垂直于电源线画出，控制电路与信号电路垂直于两条水平电源线之间画出。耗电元器件（如接触器与继电器的线圈、电磁铁线圈、照明灯、信号灯等）直接与下方的水平电源线相接，控制触点接在上方的水平电源线与耗电元器件之间。

④ 电气原理图中电气元器件的画法。电气原理图中的各电气元器件均不画实际的外形图，只是画出其带电部件，同一电气元器件上的不同带电部件是按电路中的连接关系画出的，且必须按国家标准规定的图形符号画出，并用同一文字符号标明。对于几个同类电器，在表示名称的文字符号之后加上数字序号，以示区别。

⑤ 电气原理图中电气触点的画法。电气原理图中各元器件触点状态均按没有外力作用

时或未通电时触点的自然状态画出。对于接触器、电磁式继电器，按电磁线圈未通电时的触点状态画出；对于控制按钮、行程开关，按不受外力作用时的触点状态画出；对于断路器和开关电器，按触点断开状态画出。当电气触点的图形符号垂直放置时，以"左开右闭"的原则绘制，即垂线左侧的触点为常开触点，垂线右侧的触点为常闭触点；当符号为水平放置时，以"上闭下开"的原则绘制，即在水平线上方的触点为常闭触点，水平线下方的触点为常开触点。

⑥ 电气原理图的布局。电气原理图按功能布置，即同一功能的电气元器件集中在一起，尽可能按动作顺序从上到下或从左到右的原则绘制。

⑦ 线路连接点、交叉点的绘制。在电路图中，对于需要测试和拆接的外部引线的端子，采用"空心圆"表示；有直接电联系的导线"十"字交叉点，用"实心圆"表示；无直接电联系的导线"十"字交叉点不画黑圆点。在电气原理图中要尽量避免线条的交叉。

⑧ 电气原理图的绘制要求。电气原理图的绘制要层次分明，各电气元器件及触点的安排要合理，既要做到所用元器件、触点最少，耗能最少，又要保证电路运行可靠，节省连接导线及安装、维修方便。

（4）电气原理图图面区域的划分　为了便于确定电气原理图的内容和组成部分在图中的位置，便于检索电气线路，常在各种幅面的图纸上分区。每个分区内竖边用大写的拉丁字母编号，横边用阿拉伯数字编号。编号的顺序应从与标题栏相对应的图幅的左上角开始，分区代号用该区的拉丁字母或阿拉伯数字表示，有时为了分析方便，也把数字区放在图的下面。为了方便理解电路工作原理，还常在图面区域对应的原理图上方标明该区域的元器件或电路的功能，以方便阅读分析。

（5）继电器、接触器触点位置的索引　在电气原理图中，继电器、接触器线圈的下方注有其触点在图中位置的索引代号，索引代号用图面区域号表示。其中，左栏为常开触点所在的图区号，右栏为常闭触点所在的图区号。

（6）电气原理图中技术数据的标注　在电气原理图中各电气元器件的相关数据和型号常在电器元器件文字符号下方标注。图2-1中热继电器FR右侧的6.8~11为该热继电器的动作电流值范围，而8.4为该继电器的整定电流值。关于布置图和接线图，将在第3章通过具体实例讲解。

2.2　继电接触器控制电路基本控制规律

2.2.1　自锁和互锁

自锁和互锁统称为电器的联锁控制，在电气控制中应用十分广泛。

图2-2所示是电动机的单向连续运转控制线路。这是典型的利用接触器的自锁实现连续运转的电气控制线路。当合上电源开关QS，按下起动按钮SB1，控制线路中接触器的线圈KM上电，接触器的衔铁吸合，使接触器的常开触点闭合，电动机的绕组通电，电动机全压起动，此时虽然SB1按钮松开，但接触器的线圈仍然通电，电动机正常运转，这种利用继电器或接触器自身的辅助触点使其线圈保持通电的方式称为自锁，也称作自保。电动机停止时，只需要按下按钮SB2，线圈回路断开，衔铁复位，主电路及自锁电路均断开，电动机失

电停止。这个电路也称为"起-保-停"电路。

图2-3所示是带互锁的三相异步电动机的正/反转控制线路。在生产实践中，有很多情况需要电动机正/反转运行，如夹具的夹紧与松开、升降机的提升与下降等。要改变电动机的转向，只需要改变三相电动机的相序，也就是说，将三相电动机的绕组任意两相换相即可。在图2-3中，KM1是正转接触器，KM2是反转接触器。当按下SB1按钮时，SB1的常开触点接通，KM1线圈得电，KM1的常开触点闭合自锁，KM1的常闭触点断开使KM2的线圈不能上电，电动机通电正向运行。当按下SB3按钮使电动机停机后，再按下SB2按钮时，SB2的常开触点接通，KM2的线圈得电，KM2的常开触点闭合自锁，电动机通电反向运行，KM2的常闭触点断开使KM1的线圈不能上电。如果不使用KM1和KM2的常闭触点，那么当SB1和SB2同时按下时，电动机的绕组会发生短路，因此任何时候只允许一个接触器工作。为了适应这一要求，当按下正转按钮时，KM1通电，KM1常闭触点使KM2线圈不通电，同理，KM2通电，KM2常闭触点使KM1线圈不通电，这种制约关系称为互锁。利用接触器、继电器等电器的常闭触点的互锁称为电器互锁。这种按下SB1按钮使电动机正转，按下SB3按钮电动机使电动机停机后再按SB2按钮电动机才反转的控制电路称为"正-停-反"电路，这种电路很有代表性。

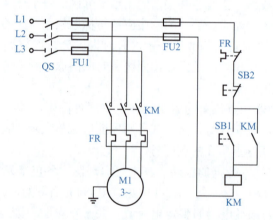

图2-2　电动机单向连续运转控制线路图

三相异步电动机的起停控制

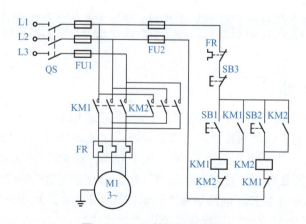

图2-3　正/反转控制线路图

三相异步电动机电动机的正反转控制

2.2.2 点动和连续运行控制线路

在生产实践中，机械设备有时需要长时间运行，有时需要间断工作，因而控制电路要有连续工作和点动工作两种状态。

电动机的点动在设备的调试时常用到。电动机点动控制线路如图2-4所示。当电源开关QS合上时，按下按钮SB1，接触器线圈得电，KM的主触点吸合，电动机M1起动运行。当松开按钮SB1，接触器KM的线圈断电，KM的主触点断开，电动机M1断电停止转动。这个电路不能实现连续运转。电动机连续运转控制线路如图2-2所示，接触器的自锁使电动机的绕组持续通电，因此可以实现连续运转（长动）控制。

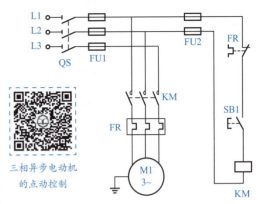

三相异步电动机
的点动控制

图2-4　电动机点动控制线路图

2.2.3 多地联锁控制线路

多地联锁控制线路如图2-5所示。

一些大型生产机械设备要求操作人员在不同的方位进行操作与控制，即实现多地控制。多地控制是用多组起动按钮、停止按钮来进行的，这些按钮连接的原则是：起动按钮的常开触点要并联，即逻辑或的关系；停止按钮的常闭触点要串联，即逻辑与的关系。当要使电动机停机时，按下SB3或者SB4按钮均可，SB3和SB4按钮分别安装在不同的方位，要起动电动机时，按下SB1或者SB2按钮均可，SB1和SB2按钮分别安装在不同的方位，例如SB1和SB3安装在设备头部，SB2和SB4安装在设备中部。

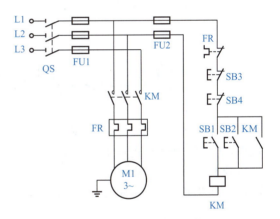

图2-5　多地联锁控制线路图

2.2.4 自动循环控制线路

在生产中，某些设备的工作台需要进行自动往复运行（如平面磨床），而自动往复运行通常利用行程开关来控制自动往复运动的行程，并由此来控制电动机的正/反转或电磁阀的通/断电，从而实现生产机械的自动往复运动。在图2-6中，在床身两端固定有行程开关SQ1、SQ2，用来表明加工的起点与终点。在工作台上装有撞块，撞块随运动部件工作台一起移动，分别压下SQ1、SQ2，以改变控制电路状态，实现电动机的正反向运转，拖动工作台实现工作台的自动往复运动。图2-6中的SQ1为反向转正向行程开关；SQ2为正向转反向行程开关；SQ3为反向极限位开关，当SQ1失灵时起保护作用；SQ4为正向极限位开关，当SQ2失灵时起保护作用。

图 2-6 中的往复运动过程如下。合上主电路的电源开关 QS，按下正转起动按钮 SB1，KM1 的线圈通电并自锁，电动机 M1 正转起动旋转，拖动工作台前进（向右移动）。当移动到位时，撞块压下 SQ2，其常闭触点断开，常开触点闭合，前者使 KM1 的线圈断电，后者使 KM2 的线圈通电并自锁，电动机 M1 正转变为反转，拖动工作台由前进变为后退，工作台向左移动。当后退到位时，撞块压下 SQ1，使 KM2 断电，KM1 通电，电动机 M1 由反转变为正转，拖动工作台变后退为前进，如此周而复始地实现自动往返工作。当按下停止按钮 SB3 时，电动机停止，工作台停下。

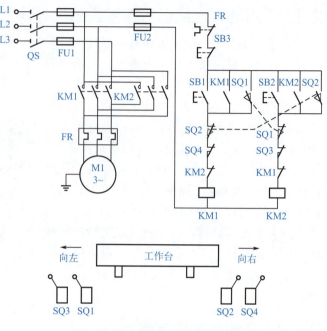

图 2-6　自动往复循环控制线路图

2.3　三相异步电动机的起动控制电路

三相异步电动机具有结构简单、运行可靠、价格便宜、坚固耐用和维修方便等一系列优点，因此，在工矿企业中三相异步电动机得到了广泛的应用。三相异步电动机的控制线路大多数由接触器、继电器、电源开关、按钮等有触点的电器组合而成。通常三相异步电动机的起动有直接起动（全压起动）和减压起动两种方式。

2.3.1　直接起动

所谓直接起动，就是将电动机的定子绕组通过电源开关或接触器直接接入电源，在额定电压下进行起动，也称为全压起动。本章 2.2 节的例子全部是直接起动。由于直接起动的起动电流很大，因此，在什么情况下才允许采用直接起动，有关的供电、动力部门都有规定，主要取决于电动机的功率与供电变压器的功率的比值。一般在有独立变压器供电（即变压器供动力用电）的情况下，若电动机起动频繁，则电动机功率小于变压器功率的 20% 时允许直接起动；若电动机不经常起动，电动机功率小于变压器功率的 30% 时允许直接起动。如果在没有独立变压器供电（即与照明共用电源）的情况下，电动机起动比较频繁，则常按经验公式来估算，满足下列关系则可直接起动。

$$\frac{\text{启动电流}(I_{st})}{\text{额定电流}(I_N)} \leq \frac{3}{4} + \frac{\text{电源总容量}}{4 \times \text{电动机功率}}$$

直接起动因为无需附加起动设备，并且操作控制简单、可靠，所以在条件允许的情况下应尽量采用，考虑到目前在大中型厂矿企业中，变压器功率已足够大，因此绝大多数中小型笼型异步电动机都采用直接起动。

由于笼型异步电动机的全压起动电流很大，空载起动时的起动电流为额定电流的4～8倍，带载起动时的电流会更大。特别是大型电动机，若采用全压起动，会引起电网电压的降低，使电动机的转矩降低，甚至起动困难，而且还会影响电网中其他设备的正常工作，所以大型笼型异步电动机不允许采用全压起动。一般而言，电动机起动时，供电母线上的电压降落不得超过10%～15%，电动机的最大功率不得超过变压器的20%～30%。下面将介绍几种常用的减压起动方法。

2.3.2 串电阻或电抗减压起动

（1）串电阻或电抗减压起动的原理　异步电动机采用定子串电阻或电抗的减压起动原理，如图2-7所示。在起动时，接触器KM2断开，KM1闭合，将起动电阻R串入定子电路，使起动电流减小；待转速上升到一定程度后，再将KM2闭合，R被短路，电动机接上全部电压而趋于稳定运行。

（2）定子串电阻或电抗的减压起动线路　定子串电阻或电抗的减压起动线路如图2-7所示。定子串电阻减压起动的过程如下。合上主电路的电源开关QS，当按钮SB1合上时，KM1的线圈得电自锁，电阻串入主回路（串入定子绕组回路），电动机减压起动；同时，时间继电器KT的线圈得电，开始延时，当电动机完全起动后，时间继电器发生动作，KT常开触点闭合，使KM2接触器线圈得电自锁，KM2接触器的主触点闭合，将电阻短接，同时将时间继电器从线路中移除，电动机正常运行。

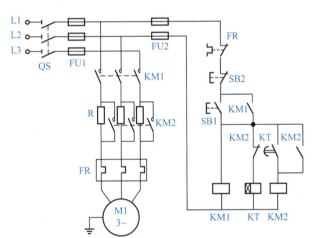

图2-7　定子串电阻或电抗的减压起动线路图

定子串电阻或电抗的减压起动方法有如下缺点。

① 定子串电阻或电抗势必减小定子绕组的电压，由于起动转矩与定子绕组的电压的平方成正比，定子串电阻或电抗将在很大程度上减小起动转矩，故只适用于空载或轻载起动的场合。

② 不经济。在起动过程中，电阻上消耗的能量大，不适用于经常起动的电动机，若采用电抗代替电阻，则所需设备费用较高，且体积大。

2.3.3 星形-三角形减压起动（星三角起动）

所谓三角形连接（△）就是绕组首尾相连，如图2-8所示，当接触器KM2的主触点闭合和KM3的主触点断开时，电动机的三相绕组首尾相连组成三角形连接；所谓星形连接（Y）就是绕组只有一个公共连接点，当KM3的主触点闭合和KM2的主触点断开时，三相绕组只有一个公共连接点，即KM3的主触点处。

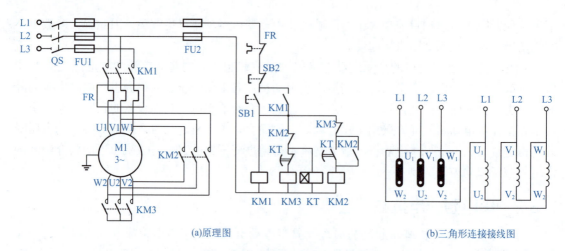

(a)原理图　　　　　　　　　(b)三角形连接接线图

图2-8　星形-三角形减压起动的线路图

（1）星形-三角形减压起动的原理　星形连接用"Y"表示，三角形连接用"△"表示，星形-三角形连接用"Y-△"表示，同一台电动机以星形连接起动时，起动电压只有三角形连接的 $1/\sqrt{3}$，起动电流只有三角形连接起动时电流的1/3，因此Y-△起动能有效地减少起动电流。

Y-△起动的过程很简单，首先接触器KM3的主触点闭合，电动机以星形连接起动，电动机起动后，KM3的主触点断开，接着接触器KM2的主触点闭合，电动机以三角形连接运行。

（2）星形-三角形减压起动的线路图　图2-8所示是星形-三角形减压起动的线路图。星形-三角形减压起动的过程如下。合上主电路的电源开关QS，起动时按下SB1按钮，接触器KM1和KM3的线圈得电，定子的三相绕组交会于一点，也就是KM3接触器的主触点处，电动机以星形连接减压起动。同时时间继电器KT的线圈得电，延时一段时间后KT的常闭触点断开、常开触点闭合，KM3的线圈断电，使KM3的常闭触点闭合、常开触点断开，接着KM2的线圈得电，KM2的常开触点闭合自锁，三相异步电动机的三相绕组首尾相连，电动机以三角形连接运行，KM2的常闭触点断开，时间继电器的线圈断电。

星形-三角形减压起动除了可用接触器控制外，还有一种专用的手操式Y-△起动器，其特点是体积小、重量轻、价格便宜、不易损坏、维修方便、可以直接外购。

这种起动方法的优点是设备简单、经济，起动电流小；其缺点是起动转矩小，且起动电压不能按实际需要调节，故只适用于空载或轻载起动的场合，并且只适用于正常运行时定子绕组按三角形连接的异步电动机。由于这种方法应用广泛，我国规定4kW及以上的三相异步电动机的定子额定电压为380V，连接方法为三角形连接。当电源线电压为380V时，它们就能采用Y-△起动。

2.3.4　自耦变压器减压起动

自耦变压器减压起动的原理如图2-9所示。起动时，按下SB1按钮，KM1、KM2和KT的线圈得电，KM1、KM2常开触点闭合，KM1常闭触点断开，KM3线圈不得电，KM3常开触点断开，所以三相自耦变压器TM的3个绕组连成星形接在三相电源上，使接于自耦变压器二次侧的电动机减压起动，转速上升，延时一段时间后，KT常闭触点断开，致使KM1线圈断电，KM1常开触点断开，KM1常闭触点闭合，之前KT的常开触点已经闭合，从而使KM3的线圈得电自锁，KM3常闭触点断开，KT和KM2线圈断电，KM2的主触点断开，自耦变压器TM被移除，同时KM3常开主触点闭合，电动机接上全电压运行。

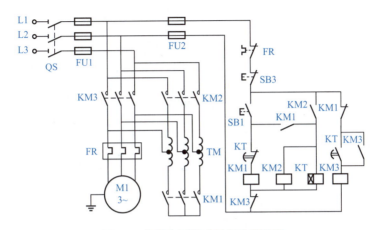

图 2-9　自耦变压器减压起动线路图

由变压器的工作原理得知，此时，TM的二次侧电压与一次侧电压之比为 $K = \dfrac{U_2}{U_1} = \dfrac{N_2}{N_1} < 1$，因此 $U_2 = KU_1$，起动时加在电动机定子每相绕组的电压是全压起动时的 K 倍，因而电流 I_2 也是全压起动时的 K 倍，即 $I_2 = KI_{st}$（注意：I_2 为变压器二次侧电流，I_{st} 为全压起动时的起动电流）；而变压器一次侧电流 $I_1 = KI_2 = K^2 I_{st}$，即此时从电网吸取的电流 I_1 是直接起动时 I_{st} 的 K^2 倍。这与 Y-△减压起动时情况一样，只是在 Y-△减压起动时的 $K = 1/\sqrt{3}$，为定值，而自耦变压器起动的 K 是可调节的，这就是此种起动方法优于 Y-△起动方法之处，当然它的起动转矩也是全压起动时的 K^2 倍。这种起动方法的缺点是变压器的体积大，价格高，维修麻烦，并且起动时自耦变压器处于过电流（超过额定电流）状态下运行，因此，不适用于起动频繁的电动机。所以，它在起动不太频繁，要求起动转矩较大，容量较大的异步电动机上应用较为广泛。通常把自耦变压器的输出端做成固定抽头（一般 K 为80%、65%或50%，可根据需要进行选择），连同转换开关（图2-9中的KM1、KM2和KM3主触点）和保护用的继电器等组合成一个设备，称为起动补偿器。

2.4　三相异步电动机的制动控制

三相异步电动机的制动方法有机械制动和电气制动。其中，电气制动又有反接制动、能耗制动和再生发电制动等。

2.4.1　机械制动

机械制动就是一种利用机械装置使电动机在断电后迅速停转的方法，较常用的就是电磁抱闸。

  图2-10所示是机械制动线路图，其制动过程如下。合上电源开关QS，当SB1按钮按下时，接触器KM1得电，电磁抱闸线圈得电，闸瓦松开，接着接触器KM2得电，电动机开始运转。当按下SB2按钮时，KM1和KM2都断电，电磁抱闸的闸瓦在弹力的作用下抱紧闸轮，实施机械制动。

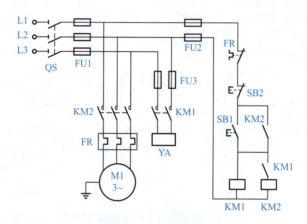

图2-10　机械制动线路图

2.4.2　反接制动

  （1）电源反接制动的原理　如果正常运行时异步电动机三相电源的相序突然改变，即电源反接，这就改变了旋转磁场的方向，产生一个反向的电磁转矩使电动机迅速停止。电源反接的制动方式又分为单向反接制动和双向反接制动，本小节只介绍单向反接制动。

  （2）单向反接制动线路图　单向反接制动线路如图2-11所示，速度继电器KS和电动机同轴安装，电动机的速度在120r/min时，其触点动作，当电动机的速度在100r/min时，其触点复原。具体制动过程如下。合上电源开关QS，当按下按钮SB1时，接触器KM1的线圈得

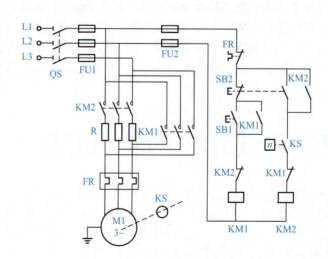

图2-11　单向反接制动线路图

电，KM1 的常开触点自锁，电动机正转，速度继电器 KS 的常开触点闭合，为制动做准备；当按下 SB2 按钮时，接触器 KM1 的线圈断电，同时接触器 KM2 的线圈得电，反向磁场产生一个制动转矩，电动机的速度迅速降低，当转速低于 100r/min 时，速度继电器的常开触点断开，接触器 KM2 的线圈断电，反接制动完成，电动机自行停车。

由于反接制动时电流很大，因此笼型电动机常在定子电路中串接电阻，线绕式电动机则在转子电路中串接电阻。反接制动的控制可以不用速度继电器，而改用时间继电器。如何控制请读者自己思考。

2.4.3 能耗制动

异步电动机的反接制动用于准确停车有一定的困难，因为它容易造成反转，而且电能损耗也比较大。反馈制动虽是比较经济的制动方法，但它只能在高于同步转速下使用。能耗制动是比较常用的准确停车方法。

（1）能耗制动的原理　当电动机脱离三相交流电源后，向定子绕组内通入直流电，建立静止磁场，转子以惯性旋转，转子的导体切割定子磁场的磁感线，产生转子感应电动势和感应电流。转子的感应电流和静止磁场的作用产生制动电磁转矩，达到制动的目的。

（2）能耗制动的分类　根据电源的整流方式，能耗制动分为半波整流能耗制动和全波整流能耗制动；根据能耗制动的时间原则，有的能耗控制回路使用时间继电器，有的则用速度继电器。

（3）速度继电器控制全波整流单向能耗制动线路　图 2-12 所示是速度继电器控制全波整流单向能耗制动线路，其工作过程如下。在起动时，先合上电源开关 QS，然后按下按钮 SB1，接触器 KM1 的线圈得电吸合，KM1 的主触点闭合，电动机转动，当电动机的转速高于 120r/min 时，速度继电器 KS 的常开触点闭合，为能耗制动做准备。当按下按钮 SB2 时，KM1 的线圈断电释放，KM1 的主触点断开，电动机在惯性作用下继续转动。接触器 KM2 的线圈得电吸合，KM2 的主触点闭合，整流器向电动机的定子绕组提供直流电，建立静止磁场，电动机进行全波能耗制动，电动机的速度急剧下降，当电动机的速度低于 100r/min 时，速度继电器的常开触点断开，KM2 的线圈断电，切断能耗制动的电源。

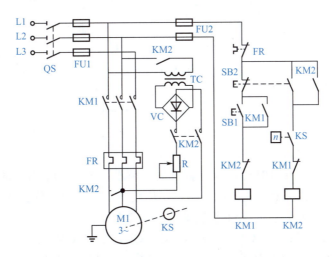

图 2-12　速度继电器控制全波整流单向能耗制动线路图

（4）能耗制动的优缺点　能耗制动电源的优点是制动准确，能耗的制动平稳；其缺点是需要加装附加电源，制动力矩小，低速时制动力矩更小。

2.5　三相异步电动机的调速

三相异步电动机的调速公式为

$$n = n_0(1-s) = \frac{60f}{p}(1-s) \tag{2-1}$$

式中，n 为转速；s 为转差率；n_0 为同步转速；f 为转子电流频率；p 为极对数。通过式（2-1）就可以得出相应的如下 3 种调速方法。

2.5.1　改变转差率的调速

改变转差率的调速方法又分为调压调速、串电阻调速、串极调速（不是串励电动机调速）和电磁离合器调速 4 种。

2.5.2　改变极对数的调速

由式（2-1）可知，同步转速 n_0 与极对数 p 成反比，故改变极对数 p 即可改变电动机的转速。多速电动机虽然体积稍大、价格稍高、只能有级调速，但因结构简单、效率高、特性好、调速时所需附加设备少而广泛用于中小型机床，如镗床上就采用了多速电机。

2.5.3　变频调速

1）初识变频器

变频器一般是利用电力半导体器件的通断作用将工频电源变换为另一频率的电能控制装置。变频器有着"现代工业维生素"之称，在节能方面的效果不容忽视。随着各界对变频器节能技术和应用等方面认识的逐渐加深，目前我国的变频器市场变得异常活跃。

2）G120 变频器的模拟量信号转速设定

所谓的模拟量转速设定就是将模拟量（如 0～10V）施加到变频器的模拟量输入端子上，根据信号的大小按照比例控制电动机的输出转速，如果电动机的额定转速是 1480r/min，则 5V 对应的转速是 790r/min，10V 对应的转速是 1480r/min。

（1）G120 变频器的模拟量信号转速设定的接线　G120 变频器的模拟量信号转速设定的原理图如图 2-13 所示，按照此图接线。先介绍用到的接线端子。

① 强电端子：L1、L2、L3 是三相交流电输入端子。PE 是接地端子。U2、V2、W2 是三相交流输出端子，连接到三相异步电动机上。

② 模拟量输入端子：10V 和 GND 端子是变频器输出的 10V 信号的输入端子，AI0+ 和 AI0- 是变频器的模拟量 0 通道的输入端子，旋转电位器，可以使 AI0+ 和 AI0- 上获得如 0～10V 的信号，这个信号对应 0 至额定转速（假设是 1480r/min）。

③ 数字量输入端子：DICOM1、DICOM2、GND 是公共端子，只要用到数字量输入，三者必须短接。DI0 端子与 +24V OUT 短接，对应着一个功能，本例为起动。

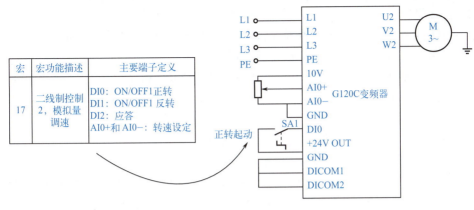

宏	宏功能描述	主要端子定义
17	二线制控制2，模拟量调速	DI0：ON/OFF1正转 DI1：ON/OFF1反转 DI2：应答 AI0+和AI0−：转速设定

图2-13　原理图

（2）参数设置

① 宏的概念：宏就是预定接线端子（如数字量、模拟量端子），完成特定功能（如多段转速运行、模拟量转速设定运行），与这些特定功能相关的多个参数，都随着宏的修改而大部分被修改，无需操作者逐个修改，大大提高了工作效率。宏编号设置在参数p0015中。

② p0015：宏。本例中p0015设置为17，含义是将端子DI0定义为正转起动，DI1定义为反转起动，AI0+和AI0−是变频器的模拟量转速设定信号源。

③ p2000：参考转速，本例设为电动机的额定转速1480r/min。

④ p0010：驱动调试参数筛选，设置p0015和电动机参数时，p0010=1；变频器运行时，p0010=0。

（3）运行　接通SA1，再调节电位计即可得到0～10V的电压信号，电动机即可以0～1480r/min的转速运行。

3）G120变频器的多段转速设定

变频器的多段转速设定就是通过将变频器的不同数量输入端子有规律地组合，获得不同的转速。多段转速设定只能获得有限个数的转速，不能实现无级调速。

（1）G120变频器的多段转速设定的接线　G120变频器的多段转速设定的原理图如图2-14所示，按照此图接线。按照此图接线用到的接线端子在前面已经介绍了。

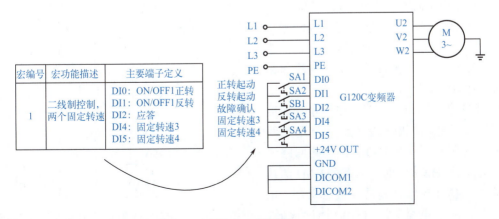

宏编号	宏功能描述	主要端子定义
1	二线制控制，两个固定转速	DI0：ON/OFF1正转 DI1：ON/OFF1反转 DI2：应答 DI4：固定转速3 DI5：固定转速4

图2-14　原理图

（2）参数设置

① p0015：宏。本例中 p0015 设置为 1，含义是将端子 DI0 定义为正转起动，DI1 定义为反转起动，DI4 是固定转速 3，DI5 是固定转速 4。

② p2000：参考转速，本例设为电动机的额定转速 1480r/min。

③ p0010：驱动调试参数筛选，设置 p0015 和电动机参数时，p0010=1，变频器运行时，p0010=0。

④ p1003 中设置值是固定转速 3，假设为 100r/min。

⑤ p1004 中设置值是固定转速 4，假设为 200r/min。

（3）运行　接通 SA1 和 SA3 电动机以 100 r/min 正转，接通 SA1 和 SA4 电动机以 200 r/min 正转，接通 SA1、SA3 和 SA4 电动机以 300 r/min（100+200=300）正转。

接通 SA2 和 SA3 电动机以 100 r/min 反转，接通 SA2 和 SA4 电动机以 200 r/min 反转，接通 SA2、SA3 和 SA4 电动机以 300 r/min（100+200=300）反转。

2.6　直流电动机的电气控制

直流电动机具有较好的起动、制动和调速性能，容易控制，因此，早期需要无级调速的场合多选用直流电动机。直流电动机有串励、并励、复励和他励 4 种，本节将介绍他励直流电动机的起动、换向、调速和制动。

2.6.1　直流电动机电枢串电阻单向起动控制

（1）直流电动机电枢串电阻起动的原因和原理　直流电动机直接起动时的电流很大，通常达到额定电流的 10～20 倍，产生很大的起动转矩，这本来对于电动机的起动是有利的，但过大的转矩容易损坏电动机的电枢绕组和换向器，因此，起动时在电枢中串入电阻可以减小起动电流。

另外，他励直流电动机在弱磁或者零磁时会产生"飞车"现象，因此在电枢通电前，先在励磁回路中接入励磁电压，同时还要进行串电阻保护。所以直流电动机的起动控制是基于串电阻和弱磁保护设计的。

（2）直流电动机电枢串电阻单向起动控制过程　直流电动机电枢串电阻起动的方法比较多，有速度原则起动、电流原则起动和时间原则起动，下面将分别介绍。

① 速度原则起动。图 2-15 所示为速度原则的直流电动机电枢串电阻单向起动线路图。先合上电源开关 QS1，励磁回路通电，当按下 SB2 按钮时，接触器 KM1 的线圈得电，KM1 自锁，其常开触点闭合，电枢通电。由于电机起动开始时速度很低，速度继电器全部断开，所以串入了电阻

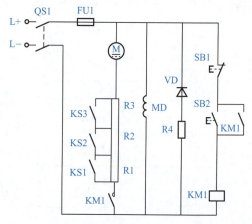

图 2-15　直流电动机电枢串电阻单向起动线路图（速度原则）

R1、R2 和 R3；当速度升高到一定数值时，速度继电器 KS1 的常开触点闭合，致使串入电枢中的电阻减小，只有电阻 R2 和 R3 串入电枢；随着电动机的速度继续升高，速度继电器 KS2 的常开触点和 KS3 的常开触点先后闭合，串入电枢的电阻都从电路中短接，电动机完全起动。

当励磁电路停电时，线圈中产生感应电动势，绕组 MD、电阻 R4 和二极管 VD 组成释放回路，起保护作用，VD 又叫作续流二极管。

② 电流原则起动。电流原则的直流电动机电枢串电阻单向起动线路如图 2-16 所示。先闭合电源开关 QS1，再按下起动按钮 SB2，时间继电器 KT 的线圈和接触器 KM1 的线圈同时得电，KM1 的常开触点自锁，电动机的电枢串入电阻起动，同时继电器 KA 的线圈得电，

KA 的常闭触点断开，使得 KM2 的线圈不能得电。当电动机的速度升高到一定速度时，电枢的电流下降，KA 的线圈断电释放，其常闭触点闭合，KM2 的线圈得电，KM2 的常开触点闭合，串入电枢的电阻被短接，电动机完全起动。时间继电器 KT 的作用是当起动的瞬间，其常开触点断开，保证 KM2 的线圈不得电，而延时一段时间后，其常开触点闭合，为 KM2 的线圈得电做准备。

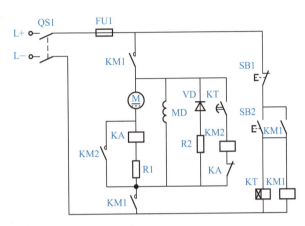

图2-16　直流电动机电枢串电阻单向起动线路图（电流原则）

③ 时间原则起动。时间原则的直流电动机电枢串电阻单向起动线路如图 2-17 所示。先闭合电源开关 QS1，再按下起动按钮 SB2，接触器 KM1 的线圈得电，KM1 的常开触点自锁，电动机的电枢串入电阻 R1 和 R2 起动，时间继电器 KT1 的线圈得电，延时一段时间后，KT1 的常开触点闭合，继电器 KA1 的线圈得电，其常开触点闭合，电阻 R1 被短接，同时 KT2 的线圈得电，延时一段时间后，KT2 的常开触点闭合，KA2 的线圈得电，其常开触点闭合，电阻 R2 短接，电动机完全起动。

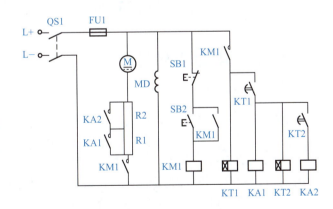

图2-17　直流电动机电枢串电阻单向起动线路图（时间原则）

2.6.2　直流电动机的单向运转能耗制动控制

前面介绍了三相异步交流电动机的制动方法有反接制动和能耗制动，直流电动机的制动方法也有反接制动和能耗制动。下面详细讲述能耗制动的原理和过程。

（1）直流电动机的单向运转能耗制动原理　切断直流电动机的电源后，直流电动机变成直流发电机，动能变成电能，而能耗制动就是将这些电能迅速消耗在电阻上，从而达到制

动的目的。

（2）直流电动机的单向运转能耗制动过程　在图2-18中，KV是电压继电器，R4是制动用电阻。直流电动机的起动过程与前述内容相同。假设电动机已经起动，此时，KM1的线圈得电，其常开触点闭合，常闭触点断开，KT1、KT2、KM4的线圈处于断电状态，KM2和KM3的线圈则得电。当按下SB1按钮时，KM1的线圈断电释放，其主触点断开，常闭触点闭合，由于电动机有很大的惯性，电动机的电动势仍然使电压继电器KV的触点保持吸合状态，KM4的线圈得电，其主触点闭合，使得电枢、KM4的主触点和电阻R4组成一个回路，电能消耗在这个回路上，随着电动机的速度迅速下降，电枢两端的电动势也下降，当下降到一定的数值时，电压继电器KV释放，KV的常开触点断开，接触器KM4的线圈断电，能耗制动结束。

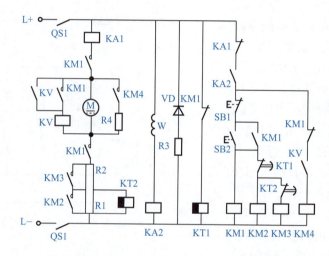

图2-18　直流电动机的单向运转能耗制动线路图

2.6.3　直流电动机的调速

直流电动机的调速公式如下：

$$n = \frac{U_d}{C_e \phi} - \frac{R_d}{C_e C_m \phi^2} T = n_0 - \Delta n \tag{2-2}$$

式中，n表示直流电动机的转速；C_e和C_m是常数；U_d是电枢的端电压；R_d是电枢回路的总电阻；T是输出转矩；ϕ是励磁绕组的磁通；n_0是理想转速；Δn是转速降低量。

由式（2-2）可知，要调速可以改变U_d、R_d和ϕ，因此直流电动机有3种调速方式，其中，保持ϕ和R_d不变，改变电枢端电压U_d进行调速的方法称为"调压调速"，改变电枢回路电阻R_d进行调速的方法称为"变电阻调速"，保持U_d和R_d不变，改变励磁回路的磁通ϕ进行调速的方法称为"弱磁调速"，由于电动机设计时，磁通通常设计到最大，因此调速时只能向减弱的方向调节磁通，因此将这种方法称为"弱磁调速"。

调压调速方法使用得比较多，常用的有晶闸管直流调速装置和大功率管脉宽调制（PWM）调速装置，这两种装置都有系列产品出售，需要使用时不必自行设计，外购即可。

弱磁调速只能向上调节速度，而且其机械特性很软，通常通过改变励磁回路中的电流大小来改变磁通，具体请参考有关文献。

2.7　单相异步电动机的控制

单相异步电动机结构简单，价格低廉，在小功率的驱动的场合得到了广泛的应用，特别是在家电中，目前很多家电上至少配有一台单相异步电动机。现代的家庭如果没有单相异步电动机是不可想象的，正因为如此，国外把家庭拥有单相异步电动机数量的多少作为衡量一个家庭现代化水平高低的标志。本节主要介绍单相异步电动机的起动和调速方法。

2.7.1　单相异步电动机的起动

三相异步电动机的起动比较简单，无需辅助装置就能产生一个旋转磁场，带动转子旋转。如果单相异步电动机只有一个绕组，在不借助外力的情况下，是不能产生旋转磁场而无法起动的。为了使单相异步电动机能够起动，除了有主绕组外，还需要起动绕组或者副绕组，因此，有人认为单相异步电动机只有一个绕组的想法是不准确的。仅有主绕组的单相异步电动机是不实用的。

单相异步电动机起动后，起动绕组可以参与运行也可以不参与运行，即电动机起动后，一个绕组是可以运行的。

单相异步电动机的起动方法分为单相分相起动、单相电容起动、单相电容起动运转 3 种方法。下面详细介绍单相电容起动。

如图 2-19 所示，定子上有两个绕组，其中起动绕组先与一个电容和一个离心开关串联，再与主绕组并联。起动绕组的移相较大，因此通电后能够产生旋转磁场，带动转子旋转，当转速达到额定转速的 80% 时，离心开关动作将起动绕组回路切断，所以正常工作时，只有主绕组工作。单相电容起动的特点是起动转矩大，电冰箱和水泵的电动机常采用这种起动方法。

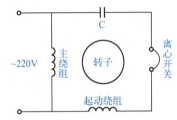

图 2-19　单相异步电动机的
电容起动原理图

单相分相起动与单相电容起动相比，只是没有电容，其余相同，其特点是起动转矩中等，适用于风机和医疗器械。

单相电容起动运转与单相电容起动相比，只是没有离心开关，其余相同，因此起动后电容和副绕组都参与运行（参考图 2-19），其特点是起动转矩低，但电动机的功率因数和效率高，电动机结构小巧，适用于电风扇和空载、轻载起动的设备。

2.7.2　单相异步电动机的调速

单相异步电动机常用的调速方法有变频调速和调压调速，前者如家用变频空调和变频洗衣机，其工作原理与三相异步电动机的变频调速相同，这里不再讲述，后者则更为常见，如家用电风扇的调速。

调压调速的原理是：单相异步电动机的转速与电动机定子绕组所加的电压有直接的关系，在定子磁极数不变的情况下，电动机绕组上的电压越高，则转速越高；反之，绕组上的电压越低，则转速越低。

单相异步电动机的电压调速有以下几种：电抗器调速、调速绕组调速、副绕组抽头调速和晶闸管调速。下面主要介绍电抗器调速和晶闸管调速。

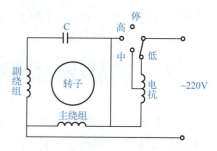

图 2-20　单相异步电动机电抗器
调速原理图

（1）电抗器调速　图 2-20 所示是家用电风扇的单相异步电动机电抗器调速原理图，此单相异步电动机有一个主绕组和一个副绕组，属于电容起动运转式电动机。当选择开关选择"低"挡位时，由于电抗器的分压最多，导致主绕组的电压最低，因此转速也最低；当选择开关选择"高"挡位时，由于电抗器不分压，主绕组的电压最高，因此转速也最高；当选择开关选择"中"挡位时，由于电抗器的分压中等，主绕组的电压中等，因此转速也是中等。这种方法是有级调速。

（2）晶闸管调速　晶闸管调速也是调压调速，这种方法主要是通过控制晶闸管的通、断时间长短来控制加在单相异步电动机的定子绕组上的电压的大小进行调速的。晶闸管调速器无需体积较大的电抗器，因此其结构相对小巧。此外，晶闸管调速能实现无级调速。

【例 2-1】有一台电风扇，通电后不转动，但用手拨动扇叶后，风扇正常运行，停电后经过检查，并未发现有线路断开的故障，分析这台风扇可能的故障。

【答】电风扇的原理图可以参考图 2-20，电风扇不能起动，但用手拨动扇叶后，风扇正常运行，说明电风扇的主绕组和调速器没有故障，问题可能出在副绕组和电容上。但检测后发现线路中没有断路的故障，因此可以得出故障在电容上，更换电容器可解决此问题。

2.7.3　单相异步电动机的正/反转

电容起动式电动机实际上是借助电容器将"单相"交流电分裂为相位差接近 90°的"两相"交流电，从而使电动机产生旋转磁场。因此，把两相绕组中任一相绕组的头和尾进行对调，即可改变磁场的旋转方向，从而使电动机的旋转方向也发生改变。电容起动式单相异步电动机的换向原理如图 2-21 所示。

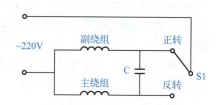

图 2-21　单相异步电动机
正/反转原理图

此外，市场上有专门控制单相异步电动机正/反转的专用模块出售，关于这种模块的具体的工作原理可以参考相关手册。

2.8　电气控制系统常用的保护环节

为了保证电力拖动控制系统中的电动机及各种电器和控制电路能正常运行，消除可能出现的有害因素，并在出现电气故障时，尽可能使故障缩小到最小范围，以保障人身和设备的安全，必须对电气控制系统设置必要的保护环节。常用的保护环节有过电流保护、过载保护、短路保护、过电压保护、欠电压保护、断相保护、弱磁保护与超速保护等。本节主要介绍低压电动机常用的保护环节。

2.8.1　电流保护

电气元件在正常工作中，通过的电流一般在额定电流以内。短时间内，只要温升允许，超过额定电流也是可以的，这就是各种电气设备或元件根据其绝缘情况条件的不同，具有不同的过载能力的原因。电流保护的基本原理是将保护电器检测的信号经过变换或者放大后去控制被保护对象，当达到整定数值时，保护电器动作。电流保护主要有过电流保护、过载保护、短路保护和断相保护几种。

（1）短路保护　当电动机绕组和导线的绝缘损坏，或者控制电器及线路发生故障时，线路将出现短路现象，产生很大的短路电流，可达额定电流的几十倍，使电动机、电器、导线等电气设备严重损坏，因此在发生短路故障时，保护电器必须立即动作，迅速将电源切断。

常用的短路保护电器是熔断器和断路器。熔断器的熔体与被保护的电路串联，当电路正常工作时，熔断器的熔体不起作用。当电路短路时，很大的短路电流流过熔体，使熔体立即熔断，切断电动机电源。同样，若在电路中接入自动空气断路器，当出现短路时，断路器会立即动作，切断电源使电动机停转。图 2-4 中就使用了熔断器作为短路保护，若将电源开关 QS 换成断路器，同样可以起到短路保护作用。

（2）过载保护　当电动机负载过大，起动操作频繁或缺相运行时，会使电动机的工作电流长时间超过其额定电流，电动机绕组过热，温升超过其允许值，导致电动机的绝缘材料变脆，寿命缩短，严重时会使电动机损坏。因此，当电动机过载时，保护电器应动作，切断电源使电动机停转，避免电动机在过载状态下运行。

常用的过载保护电器是热继电器。当电动机的工作电流等于额定电流时，热继电器不动作，电动机正常工作；当电动机短时过载或过载电流较小时，热继电器不动作，或经过较长时间才动作；当电动机过载电流较大时，热继电器动作，先后切断控制电路和主电路的电源，使电动机停转。图 2-4 中就使用了热继电器作为过载保护。

带断相保护的热继电器也可实现过载保护。对于三相异步电动机，一般要进行短路保护和过载保护。

（3）断相保护　在故障发生时，三相异步电动机的电源有时出现断相，如果有两相电断开，电动机处于断电状态，只要注意防止触电事故，通常是没有危险的。但是如果只有一相电断开，电动机是可以运行的，但电动机的输出扭矩很小，运行时容易产生烧毁电动机的事故，因此要进行断相保护。

图 2-22 所示是简单星形零序电压断相保护原理图，通常星形连接电动机的中性点对地电压为零，当发生断相时，会造成零电位点存在电位差，从而使继电器 KA 吸合，使控制回路的接触器线圈断电，从而切断主回路，进而使电动机停止转动。

图 2-23 所示是欠电流继电器断相保护原理图。图中使用 3 只继电器，当没有发生断相事故时，欠电流继电器的线圈得电，其常开触点闭合，电动机可以正常运行；而当有一相断路时，欠电流继电器的线圈断电，从而使接触器的线圈断电，使主电路断电，进而使电动机停止运行，起到断相保护作用。

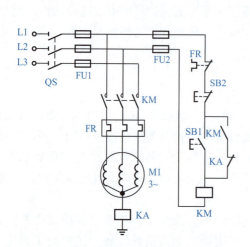

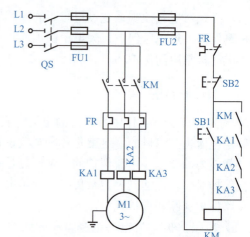

图2-22　简单星形零序电压断相保护原理图　　　图2-23　欠电流继电器断相保护原理图

（4）过电流、欠电流保护　过电流保护是区别于短路保护的一种电流保护。所谓过电流，是指电动机或电气元件超过其额定电流的运行状态，它一般比短路电流小，不超过6倍的额定电流。在过电流的情况下，电气元件并不会马上损坏，只要在达到最大允许温升之前电流值能恢复正常，还是允许的。但过大的冲击负载会使电动机经受过大的冲击电流，以致损坏电动机。同时，过大的电动机电磁转矩也会使机械的传动部件受到损坏，因此要瞬时切断电源。电动机在运行中产生过电流的可能性要比发生短路时要大，特别是在频繁起动和正/反转、重复短时工作电动机中更是如此。

过电流保护常用过电流继电器来实现，通常过电流继电器与接触器配合使用，即将过电流继电器线圈串接在被保护电路中，当电路电流达到其整定值时，过电流继电器动作，而过电流继电器的常闭触点串接在接触器的线圈电路中，使接触器的线圈断电释放，接触器的主触点断开来切断电动机电源。这种过电流保护环节常用于直流电动机和三相绕线转子电动机的控制电路中。若过电流继电器动作电流为1.2倍电动机起动电流，则过电流继电器亦可实现短路保护作用。

2.8.2　电压保护

电动机或者电气元件需要在一定的额定电压下工作，电压过高、过低或者工作过程中人为因素的突然断电，都可能造成生产设备的损坏或者人员的伤亡，因此在电气控制线路设计中，应根据实际要求设置过电压保护、零电压保护及欠电压保护。

（1）零电压、欠电压保护　生产机械在工作时若发生电网突然停电，则电动机将停转，生产机械运动部件也随之停止运转。一般情况下操作人员可能不会及时拉开电源开关，如果不采取措施，当电源电压恢复正常时，电动机便会自行起动，很可能造成人身和设备事故，并引起电网过电流和瞬间网络电压下降。因此必须采取零电压保护措施。

在电气控制线路中，用接触器和中间继电器进行零电压保护。当电网停电时，接触器和中间继电器电流消失，触点复位，切断主电路和控制电路电源。当电源电压恢复正常时，若不重新按下起动按钮，则电动机不会自行起动，实现了零电压保护。

当电网电压降低时，电动机便在欠电压下运行，电动机转速下降，定子绕组电流增加。

因为电流增加的幅度尚不足以使熔断器和热继电器动作，所以这两种电器起不到保护作用，如果不采取保护措施，随着时间延长，电动机会过热损坏。另一方面，欠电压将引起一些电器释放，使电路不能正常工作，也可能导致人身、设备事故。因此应避免电动机在欠电压下运行。

实际用于欠电压保护的电器是接触器和电磁式电压继电器。在机床电气控制线路中，只有少数线路专门装设了电磁式电压继电器以起欠电压保护作用，而大多数控制线路由于接触器已兼存欠电压保护功能，所以不必再加设欠电压保护电器。一般当电网电压降低到额定电压的85%以下时，接触器或电压继电器动作，切断主电路和控制电路电源，使电动机停转。

（2）过电压保护　电磁铁、电磁吸盘等大电感负载及直流电磁机构、直流继电器等在通、断电时会产生较高的感应电动势，将使电磁线圈绝缘击穿而损坏，因此必须采用过电压保护措施。通常对于交流回路，在线圈两端并联一个电阻和一个电容，而对于直流回路，则在线圈两端并联一个二极管，以形成一个放电回路，实现过电压保护，如图2-24所示。

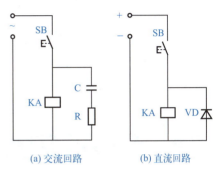

(a) 交流回路　　　(b) 直流回路

图2-24　过电压保护

2.8.3　其他保护

除上述保护外，还有速度保护、漏电保护、超速保护、行程保护、油压（水压）保护等，这些都是在控制电路中串接一个受这些参量控制的常开触点或常闭触点来实现对控制电路的电源控制。这些装置有离心开关、测速发电机、行程开关和压力继电器等。

习题2

第**3**章

典型设备电气控制电路分析

▌学习目标▌

- 能识读CA6140A普通车床电气原理图，掌握接线图和布置图的画法。
- 能识读XA5032铣床的电气原理图。
- 能识读XK714A数控铣床的电气原理图。

3.1 CA6140A普通车床的电气控制

3.1.1 初识CA6140A车床

（1）CA6140A车床的功能 车床在机械加工中应用得最为广泛，约占切削机床总数的25%～50%。在各种车床中，应用得最多的是普通车床。

普通车床可以用来车削工件的外圆、内圆、端面，可以钻孔、铰孔、拉油槽和车削各种公制和英制螺纹等，普通车床特别适合单件、小批量加工和机修使用。CA6140A是普通车床中最为常见的机型。

（2）CA6140A车床的结构和运动 CA6140A车床主要由床身、主轴变速箱、进给变速箱、溜板箱、溜板与刀架、尾架和丝杠等几部分组成。

切削时，主运动是工件做旋转运动，而刀具做直线进给运动。电动机的动力由V带通过主轴变速箱传递给主轴。变换主轴变速箱外的手柄位置，可以改变主轴转速。主轴通过卡盘带动工件做旋转运动。主轴一般只要求单方向旋转，只有在旋转车螺纹时才需要反转来退刀。它是用操纵手柄通过机械的方法来改变主轴旋转方向的。

由于进给运动消耗的功率很小，所以也由主电动机拖动，不再另外加装单独的电动机拖动。几个进给方向的快速移动，由快速移动电动机拖动。

（3）CA6140A车床的控制要求 CA6140A车床上配有3台三相异步电动机，主电动机功率为7.5kW，快速电动机功率为275W，冷却泵电动机功率为150W，都要进行起停控制，无反转，主电动机和快速移动电动机都可单独进行起停控制，而冷却泵电动机必须在主电动机开启后才能起动。CA6140A车床配有照明灯和指示灯，此外，还配有皮带罩开关、开门断电开关和卡盘防护开关，起保护设备和人身安全作用。

3.1.2　CA6140A车床的电气控制电路

1）电气原理图分析

（1）主电路分析　CA6140A车床的电气原理图如图3-1所示。电源经QF开关引入，该开关为断路器。断路器不仅起电源的引入作用，还能起到短路保护作用，由于整个电路的总的功率约为8kW，因此与主电动机的功率几乎相当，所以主电动机回路中没有单独配备短路保护器件，而由QF开关保护。快速移动电动机只配备了熔断器，起短路保护作用，而没有配备热继电器，这是因为快速移动电动机运行的时间很短，而且载荷也比较小，所以没有必要进行过载保护。冷却泵电动机需要长时间工作，而且由于电源引入开关QF的额定电流远大于冷却泵电动机的额定电流，起不到短路保护作用，因此必须进行短路保护和过载保护。

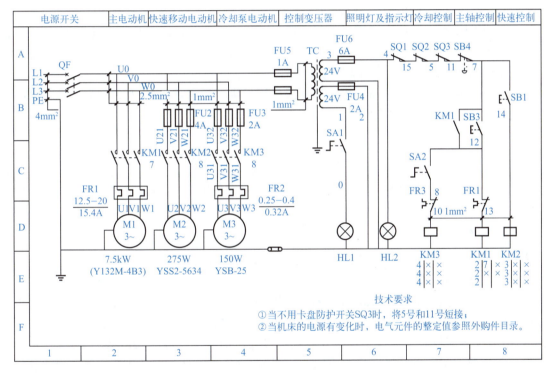

图3-1　CA6140A车床电气控制原理图

（2）控制电路分析　控制电路采用24V交流电压供电，24V电压是安全电压，增强了系统的安全性。熔断器FU6起短路保护作用。

车床的左侧有皮带罩保护行程开关SQ1，当拆下皮带罩时，SQ1的常闭触点断开，控制回路被切断，车床是不能起动的，很显然SQ1是起保护作用的，可防止拆下皮带罩而造成事故。车床的控制柜内安装了一个电柜开门断电开关SQ2，当因检修等原因打开电柜门时，控制系统断电，车床是不能起动的。此外，车床上还安装了卡盘防护开关SQ3，起保护作用，如果不使用此功能，可将5号和11号端子用导线短接。

控制原理如下。要使车床能够正常运行，首先应该保证电柜的门已经关好，皮带罩没有拆下，因为只有这样才能保证SQ1和SQ2的常闭触点闭合。当按下起动按钮SB3时，接触器KM1的线圈得电，KM1的常开辅助触点闭合自锁，主电动机起动。此电路是典型的"起-保-停"连续运行控制电路。主电动机起动后，当旋转旋钮SA2时，KM3的线圈得电，冷却泵电动机起动，主电动机不起动冷却泵电动机是不能起动的。当按下SB1按钮时，接触器KM2的线圈得电，快速移动电动机移动，释放按钮SB1时，快速移动电动机停止，将装在溜板箱的十字手柄扳到所需要的方向，即可得到所需移动方向的快速移动，此控制电路为"点动"控制电路。主轴不运转时快速移动也可实现。这一点不同于冷却泵电动机的控制。当按下按钮SB4时，控制系统断电，主电动机、冷却泵电动机和快速移动电动机停止转动。

　　这一电路有零电压保护功能，在切断电源后，接触器KM1释放，当电源电压再次恢复正常时，如果不按下起动按钮SB3，则电动机不会自行起动，不至于发生事故。此电路也有欠电压保护功能，当电源电压太低时，接触器KM1因为电磁吸力不足而自动释放，电动机自行停止，以避免欠电压时电动机因电流过大而烧坏。

　　（3）照明电路　照明电路采用24V交流电压供电。照明电路由开关SA1接24V低压灯泡HL1组成，灯泡的另一端必须接地，以防止变压器原绕组和副绕组之间短路时发生触电事故，熔断器FU4是照明电路的短路保护器件。

　　（4）指示电路　指示电路采用24V交流电压供电。指示灯泡HL2接低压24V，熔断器FU6是指示电路的短路保护器件。

　　（5）$\begin{smallmatrix}KM1\\ 2&7&\times\\ 2&\times&\times\\ 2\end{smallmatrix}$ 的含义　3个"2"表示KM1的3个主触点在2区，"7"表示KM1的一个常开辅助触点在7区，右侧的两个"×"表示常闭触点没有使用，中间的"×"表示一个常开触点没有使用。

2）接线图

　　接线图也称接线表，主要用于设备的装配、安装和调试。

　　（1）接线图的一般规定

　　① 接线图提供各项目，如元件、器件、组件和装置之间的实际连接信息。如图3-2中，按钮SB3的常开触点的12号端子与XT4接线端子排的12号端子连接在一起。

　　② 接线图应包含识别每个连接的连接点以及所用导线或电缆的信息，所有的相同接线号，即使位置不同也应该短接在一起，如图3-2中所有的线号12都应该连接在接线端子12上。

　　③ 必要时可包含导线或电缆的种类、长度、牌号，连接点标记或表示方法，敷设、走向、端头处理、屏蔽、绞合和捆扎等说明和其他需要说明的信息。

　　（2）接线图的绘制原则

　　① 接线图布局应采用位置布局法，即按照电气元件的实际位置布局，但无须按照比例绘制。图3-2中的接线图就是按照电气元件的实际位置布局的，没有按照比例绘制。

　　② 元器件应采用简单的轮廓（如正方形、矩形或者圆形）或者简化的图形表示，也可以采用国家标准中规定的符号表示。如图3-2中，接触器和接线端子都用矩形简化图表示，而按钮则直接采用了按钮的符号SB表示。

　　③ 端子应该表示清楚，但无须表示端子的符号，如图3-2中，4个端子排XT1、XT2、XT3和XT4上的端子号都清楚示出了。

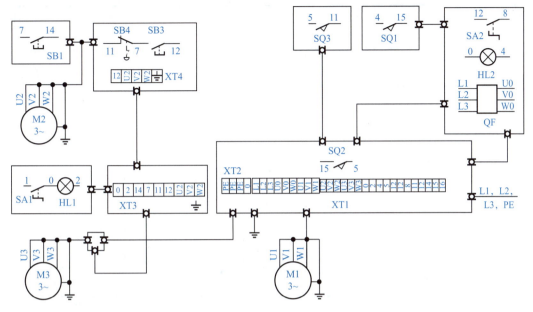

图3-2 CA6140A车床电气控制接线图

3）布置图

布置图根据电气元件的外形绘制，并标出各元件的间距尺寸。每个电气元件的安装尺寸及其公差范围应严格按照产品手册标准标注，作为底板加工的依据，以保证各电器顺利安装。在布置图中，还要选用适当的接线端子或者接插件，按一定的顺序标上进出线的接线号。

布置图是用来标明电气原理图中各元器件的实际安装位置的，可视电气控制系统复杂程度采取集中绘制或单独绘制，如图3-3所示，其中由于控制系统简单，所以采用了集中绘制。常画的有电气控制箱中的电气元件布置图、控制面板图等。布置图是控制设备生产及维护的技术文件，电气元件的布置应注意以下几方面。

① 体积大和较重的电气元件应该安装在电器安装板的下方，而发热元件尽可能安装在电器安装板的上面。

② 强电、弱电应分开，弱电应屏蔽，以防止外界干扰。

③ 需要经常维护、检修、调整的电气元件不宜过高或过低。

④ 电气元件的布置应考虑整齐、美观、对称。外形尺寸与结构类似的电器安装在一起，以利安装和配线。

⑤ 电气元件布置不宜过密，应留有一定的间距，若用走线槽，应加大各排电器的间距，以利于布线和维修。

4）明细表

明细表是含有规定列项的表格，用来表示构成一个组件（或分组件）或系统的项目（零件、部件、软件设备等），以及参考文件。

（1）明细表的分类　明细表分成A类和B类。A类明细表的每一个列项代表一种组成项目，并规定其数量。A类明细表属于"汇总表"。B类明细表的每一个列项代表一种组成事件。B类明细表属于"详表"。

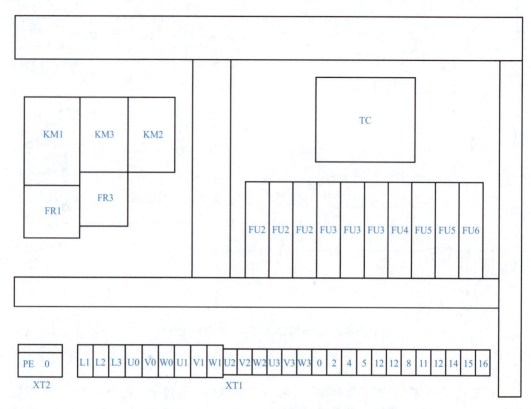

图 3-3　CA6140A 车床电气控制布置图

（2）CA6140A 车床控制的明细表　CA6140A 车床控制的元件明细表见表3-1。

表3-1　元件明细表

配件号	名　称	数　量	型　号	
			380V，50Hz 地区	380V，60Hz 地区
M1	主电动机	1	Y132M-4，B3 左 380V，50Hz，7.5kW	Y132M-6，B3 左 380V，60Hz，7.5kW
M2	快速移动电动机	1	YSS2-5362 380V，50Hz，275W	YSS2-5362 380V，60Hz，275W
M3	冷却泵电动机	1	YSB-25 380V，50Hz，150W	YSB-25 380V，60Hz，150W
TC	控制变压器	1	JBK2-250，380V，50Hz， 160W，24V，60W；24V， 100W	JBK2-250，380V，50Hz，160W，24V， 60W；24V，100W
KM1	交流接触器	1	CJX2-16/22 线圈电压24V，50Hz	CJX2-16/22 线圈电压24V，50Hz
KM2	交流接触器	1	CJX2-9/22 线圈电压24V，50Hz	CJX2-9/22 线圈电压24V，60Hz

续表

配件号	名　称	数　量	型　号	
			380V，50Hz 地区	380V，60Hz 地区
KM3	交流接触器	1	CJX2-9/22 线圈电压24V，50Hz	CJX2-9/22 线圈电压24V，60Hz
FR1	热继电器	1	3UA 12.5～20A，整定到15.4A	3UA 10～16A，整定到12.6A
FR3	热继电器	1	3UA 0.25～0.4A，整定到0.32A	
FU2	熔断器	3	熔断器座 RT23-16，熔芯6A	
FU3	熔断器	1	熔断器座 RT23-16，熔芯6A	
FU4	熔断器	2	熔断器座 RT23-16，熔芯2A	
FU5	熔断器	1	熔断器座 RT23-16，熔芯1A	
FU6	熔断器	1	熔断器座 RT23-16，熔芯6A	
QF	电源总开关	1	DZ15-40/40	
HL1	机床照明灯	1	JC-10，24V，40W	
HL2	信号灯	1	AD-11/B 交流24V	
SA1	照明开关	1		
SB1	快速按钮	1	LAY9，绿色	
SB2	冷却按钮	1	LAY3-10X，黑色	
SB3	主轴起动按钮	1	LAY3-10，绿色	
SB4	主轴停止按钮	1	LAY3-01ZZS/1，红色	
XT1	接线板	1	JH9-1009、JH9-1.519，60A 10 节，15A 19 节	
XT2	接线板	1	JDG-B-1	
XT3 XT4	接地接线板	3	JX5-1005	
SQ1	皮带罩开关	1	LXK2-411K	
SQ2	电柜开门断电开关	1	JWM6-11	
SQ3	卡盘防护开关	1	LXK2-311	

3.2　XA5032 铣床的电气控制

3.2.1　初识 XA5032 铣床

（1）XA5032 铣床的功能　铣床在机械加工中应用十分广泛，铣床的保有量仅次于车床，占第二位。铣床的种类很多，有立式铣床、卧式铣床、龙门铣床、仿形铣床和各种专用铣床（如用于加工圆弧齿轮的格里森铣床），而最为常见的是立式铣床和卧式铣床。

XA5032立式铣床可以用来加工各种平面、斜面、沟槽和齿轮等。根据需要配用不同的铣床附件，还可以扩大机床的使用范围。配用分度头，可铣削直齿轮和铰刀等零件，在配用分度头的同时，把分度头的传动轴与工作台纵向丝杠用挂轮联系起来，可以铣削螺旋面，配用圆形工作台，可以铣削凸轮和弧形槽。

（2）XA5032铣床结构和运动　XA5032铣床主要由床身、主传动、进给变速箱、立铣头、主变速箱、电气控制箱升降台和工作台等几部分组成。

铣床的刀具主要是各种形式的铣刀，切削时，主运动是刀具的旋转运动，进给运动在大多数的铣床上是由工件在垂直铣刀轴线方向的直线移动来实现的。为了调整铣刀与工件的相对位置，工件或铣刀可在3个相互垂直的方向上做调整运动，而且根据加工要求，可在其中的任何一个方向做进给运动。

（3）XA5032铣床的控制要求　XA5032铣床上配有3台三相异步电动机，主电动机功率为7.5kW，进给电动机功率为1.5kW，冷却泵电动机功率为125W，都要进行起停控制，起动、停止和急停都可以多点控制。主电动机和进给电动机需要正/反转控制，而冷却泵电动机起停可以单独控制。主运动由离合器制动。配有照明灯和指示灯。此外，XA5032铣床配有开门断电开关起保护设备和人身安全作用。

3.2.2　XA5032铣床的电气控制电路

XA5032铣床的电气控制原理图如图3-4、图3-5所示。

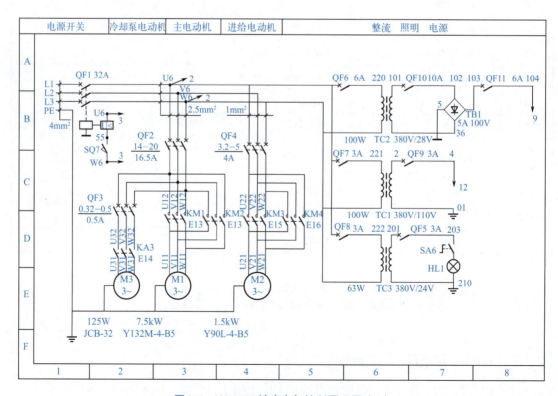

图3-4　XA5032铣床电气控制原理图（1）

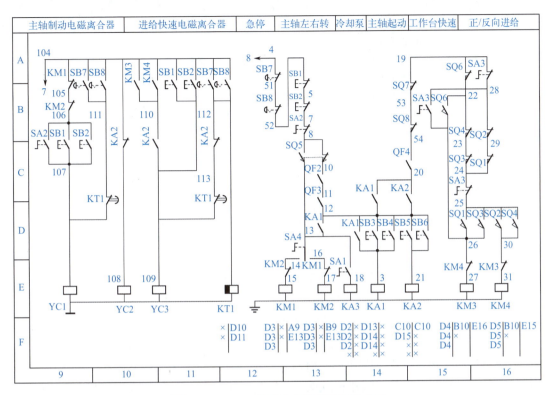

图3-5   XA5032铣床电气控制原理图（2）

（1）主轴运动的电气控制   起动主轴时，先闭合电源引入开关QF1，QF1是断路器，QF2对主电动机起过载和短路保护作用，QF3对冷却泵电动机起过载和短路保护作用，正常情况下QF2和QF3的常开触点是闭合的。SQ5是冲动手柄，正常情况下，其常闭触点也是闭合的。先把换向开关SA4转到主轴所需要的旋转方向，然后按起动按钮SB3或者SB4（多地起动），使继电器KA1的线圈得电，进而使其常开触点闭合自锁，当SA4转向14时，接触器KM1得电自锁，主轴左转，当SA4转向16时，接触器KM2得电自锁，主电机右转。主轴右转的回路为SB7（A12区，常闭触点）→SB8→SB1→SB2→SA2→SQ5（正常工作时，常闭触点闭合）→QF2→QF3→KA1→SA4→KM1（E13区，常闭触点）→KM2（E13区，线圈）。主轴运动的控制电路如图3-6所示，此图是图3-5的一部分。

停止主轴时，按停止按钮SB1或者SB2（多地停机），切断KM1或者KM2线圈的供电线路，并且接通YC1主轴制动电磁离合器，主轴即可停止转动。铣床主轴的制动是机械制动。

主轴冲动，为了使变速时齿轮易于啮合，必须使主电动机瞬时转动，当主轴变速操纵手柄推回原来位置时，压下行程开关SQ5，使接触器KM1和KM2瞬时接通，主轴就做瞬时转动，应以连续较快的速度推回变速手柄，以免电动机转速过高打坏齿轮。其动作过程是：SB7（A12区，常闭触点）→SB8→SB1→SB2→SA2→SQ5（常开触点）→SA4→KM2（E13区，常闭触点）→KM1（E13区，线圈）。主轴冲动控制电路如图3-7所示，此图是图3-5的一部分。

（2）进给运动的电气控制   升降台的上下运动和工作台的前后运动完全由操纵手柄控

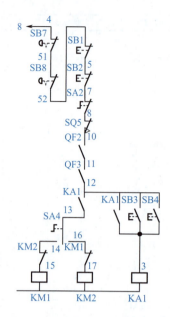

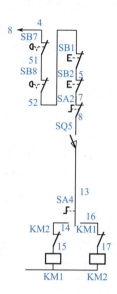

图3-6　主轴运动的控制电路　　　　图3-7　主轴冲动控制电路

制，手柄的联动机构与行程开关相连，前后各一个，SQ3控制工作台向前和向下运动，SQ4控制工作台向后和向上运动，SQ1和SQ2分别控制工作台向右及向左运动，手柄的方向就指向运动的方向。

　　使用工作台的向后、向上手柄压下SQ4及工作台的向左手柄压下SQ2，接通接触器KM4的线圈，即按选择方向做进给运动。QF4对进给电动机起过载和短路保护作用，正常情况下QF4的常开触点是闭合的。SQ7是门限位，正常情况下（门关的时候），其常闭触点是闭合的。SQ6是进给冲动开关，正常情况下，其常闭触点是闭合的。向左运动的回路为：KA1（C14区，KA1之前的省略）→QF4（C14区，常开触点）→SQ8→SQ7→SQ6（常闭触点）→SQ4（常闭触点）→SQ3（常闭触点）→SA3→SQ2→KM3（E16区，常闭触点）→KM4（E16区，线圈）。工作台左移控制电路如图3-8所示，此图是图3-5的一部分。

　　使用工作台的向前、向下手柄压下SQ3及工作台的向右手柄压下SQ1，接通接触器KM3的线圈，即按选择方向做进给运动。

　　只有在主轴起动后，进给轴才能起动。进给轴起动，当变换进给速度时，手柄向前拉至极端位置且在反向推回之前，推动行程开关SQ6，瞬时接通接触器KM3，则进给电动机作瞬时转动，使齿轮容易啮合。其动作过程是：SA3（A16区，常闭触点，SA3之前的省略）→SQ2（B16区，常闭触点）→SQ1→SQ3→SQ4→SQ6（B15区，常开触点）→KM4（E15区，常闭触点）→KM3（E15区，线圈）。进给冲动控制电路如图3-9所示，此图是图3-5的一部分。

　　（3）快速行程电气控制　主电动机起动后，将进给操作手柄扳到所需的位置，则工作台按照手柄所指的方向以选定的速度运动，此时如果将快速按钮SB5或者SB6压下，接通继电器KA2的线圈和YC3离合器线圈，并切断进给离合器，工作台以原来的速度快速移动，放开快速按钮，快速移动立即停止，工作台仍然以原来的进给速度继续运动。

　　（4）机床进给的安全互锁　为了保证操作者的安全，在机床工作台进行加工时，应先

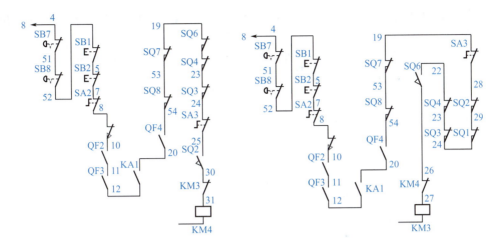

图3-8　工作台左移控制电路　　　　　　　图3-9　进给冲动控制电路

将 Z 向手柄向外推向极限位置，使行程开关SQ8的常闭触点闭合，工作方向可进行 X、Y、Z 方向的机动运行，否则不得进行机动操作，以确保安全。另外，当出现紧急情况时，可以按下急停按钮SB7或者SB8切断全部控制回路，以自锁保持，直到故障排除，再人工解锁。

（5）圆工作台的回转　圆工作台的回转运动是进给电动机经过传动机构驱动的，使用圆工作台时，先将SA3转到接通位置，然后操纵起动按钮，则接触器KM1和KM3相继接通，圆工作台开始转动。圆工作台的回路为：SQ6（A15区）→SQ4（B15区）→SQ3→SQ1→SQ2→SA3（B15区，常开触点）→KM4（触点）→KM3（E15区，线圈）。圆工作台的回转运动控制电路如图3-10所示，此图是图3-5的一部分。

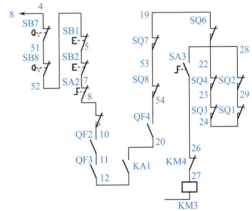

图3-10　圆工作台的回转控制电路

（6）主轴换刀制动　当主轴换刀时，先将转换开关SA2常开触点（B9区）扳到接通位置，其常闭触点（B13区）断开，使主电动机的接触器KM1或者KM2线圈断电，电动机停机，YC1线圈得电，主轴被电磁离合器制动，不能旋转，此时可以进行换刀，当换刀完毕时，再将旋转开关扳到断开位置，主轴才可以起动。

（7）冷却泵回路　当将旋钮开关SA1的常开触点（E14区）扳到闭合位置时，KA3继电器（E14区）线圈得电，KA3常开触点（D2区）吸合，冷却泵电动机运行；当将旋钮开关扳到断开位置时，KA3继电器线圈断电，其常开触点断开，冷却泵电动机停止运行。

（8）供电

① 机床照明。变压器TC3将380V交流电变成24V，照明灯由开关SA6控制。

② 控制回路用电。控制回路的电主要消耗在继电器和接触器的线圈上，变压器TC1将380V交流电变成110V交流电。

③ 离合器的电源。变压器 TC2 将 380V 交流电变成 28V 交流电，经过 TB1 整流后变成约 40V 的直流电。

（9）开门断电 左门上有门锁控制断路器 QF1，当开左门时，QF1 断电，起到开门断电的作用。右门上的行程开关 SQ7 与断路器 QF1 分励线圈相连，当开右门时，SQ7 闭合，使断路器 QF1 断开，达到开门断电的效果。

XA5032 铣床的起停控制明细表见表 3-2。

表 3-2　元件明细表

符　号	名　称	数　量	型　号
M1	主电动机	1	Y132-4-B5，7.5kW、380V、50Hz、1440r/min
M2	进给电动机	1	Y90L-4-B5，1.5kW、380V、50Hz、1400r/min
M3	冷却泵电动机	1	JCB-22，0.125kW、380V、50Hz、2790r/min
TC1	控制变压器	1	JBK5-100，AC 380/110V、50Hz
TC2	整流变压器	1	JBK5-100，AC 380/28V、50Hz
TC3	照明变压器	1	JBK5-100，AC 380/24V、50Hz
KM1、KM2	交流接触器	各 1	3TB4417，线圈电压 110V，50Hz
KM3、KM4	交流接触器	各 1	3TB4017，线圈电压 110V，50Hz
KA1、KA2、KA3	继电器	各 1	LCI-D0601F5N
KT1	时间继电器	1	H3Y-2，PYF08A，线圈电压 DC 24V
QF1	电源总开关	1	DZ15-40/40
QF2	断路器	1	3VU1340-IMNOO，额定电流 20A，整定值 16.5A
QF3	断路器	1	3VU1340-IMEOO，额定电流 0.6A，整定值 0.5A
QF4	断路器	1	3VU1340-INJOO，额定电流 5A，整定值 4A
QF6、QF10、QF11	DZ47-63	各 1	额定电流 6A
QF5、QF7、QF8、QF9、QF12	DZ47-63	各 1	额定电流 3A
SQ1、SQ2	行程开关	各 1	LX1-11K
SQ3、SQ4	行程开关	各 1	1LS-T
SQ5、SQ6	行程开关	各 1	LX3-11K
SQ7	行程开关	1	X2N
SQ8	行程开关	1	3SE3100-2BA
HL1	机床照明灯	1	E27，AC 24V，40W
SA1、SA2、SA3、SA4、SA5	主令开关	各 1	LAY11-223-22X/3K 黑色
SB1、SB2	按钮	各 1	LAY11-223-22/3K 黑色
SB3、SB4	按钮	各 1	LAY11-226-11/K 白色
SB5、SB6	按钮	各 1	LAY11-227-11/K 灰色

符　号	名　称	数　量	型　号
SB7、SB8	按钮	各1	LAY11-223-22M/ZK 红色，蘑菇形
YC1	主轴离合器	1	
YC2	进给离合器	1	
YC3	快速离合器	1	
TB1	硅整流桥	1	2PQIV-1，10A、100V
XT1	接线板	1	JH9，1.5mm²，32节；2.5mm²，3节，带导轨
XT2	接线板	1	JH9，1.5mm²，31节，带导轨
XT3	接线板	1	JH9，1.5mm²，11节，带导轨

3.3　XK714A数控铣床电气控制

3.3.1　初识XK714A数控铣床

数控铣床是典型的机电一体化产品，它综合了微电子、计算机、自动控制、精密检测、伺服驱动、机械设计与制造技术方面的最新成果，与普通机床相比，数控机床能够完成平面、曲线和空间曲面的加工，加工精度和效率都比较高，因而应用日益广泛。

XK714A数控铣床是三坐标立式铣床，其X、Y、Z三个方向的进给轴采用伺服电动机驱动滚珠丝杠，其主轴采用变频器驱动主轴电动机，机床选用了我国自主研发的HNC-21数控系统。XK714A数控铣床的3个进给轴和主轴都是闭环控制。系统不仅具有汉字显示、双向螺距补偿、高速插补、联网和输入/输出等功能，还提供了软盘接口、硬盘接口、RS-232接口等。XK714A数控铣床适合在机械制造、模具、电子等行业对复杂表面进行加工。

XK714A数控铣床主要由底座、立柱、工作台、主轴箱、电气控制柜、HNC-21数控系统、冷却系统、润滑系统等组成。它的立柱和工作台部分安装在底座上，主轴箱在立柱上上下移动。它的左右方向为X轴，前后方向为Y轴，主轴在立柱上的上下移动为Z轴。

XK714A数控铣床配自动换刀装置，主要通过刀具松紧电磁阀实现换刀动作，此外，换刀时主轴吹气电磁阀还要向主轴锥孔吹气，以清除锥孔内的脏物。

3.3.2　XK714A数控铣床的电气控制电路

XK714A数控铣床的电气控制电路比较复杂，下面将分别介绍XK714A数控铣床的强电主回路、变频调速回路、电源回路、交流控制回路和直流控制回路。

（1）强电主回路　XK714A数控铣床的强电主回路如图3-11所示。QF1为电源总开关，QF2、QF3、QF4分别是伺服强电、主轴强电和冷却电动机的断路器，它们的作用是当以上电路短路或过载时跳闸，从而起到保护作用。KM1、KM2、KM3是分别控制伺服电动机、主轴电动机和冷却电动机的接触器。TC2 是 Y-△型伺服变压器，其作用是将 380V 交流电压变为 200V，供伺服驱动器使用。RC1、RC2、RC3 是灭弧器，当电路断开时，吸收接触器、伺服驱动器、变频器的能量，避免产生过电压。伺服驱动器与数控系统和编码器相连的信号线在图中没有画出，请读者参考相关资料。

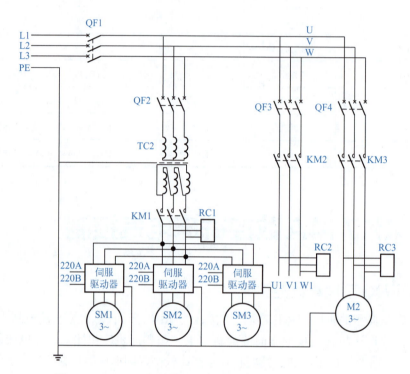

图 3-11　XK714A 数控铣床电气控制电路图——强电主回路

（2）变频调速回路　XK714A 数控铣床的变频调速回路比较简单，如图 3-12 所示。其中的 U1、V1 和 W1 与图 3-11 中的相同端子号相连，是变频器的电源引入线，U、V 和 W 直接与主轴电动机相连。电动机制动时，动能转化成电能，消耗在与 B1 和 B2 相连的制动电阻上。11、20 和 27 与 110 相连，而 110 是整个直流控制系统的零电位点。

当继电器 KA8 的线圈上电时，继电器 KA8 的常开触点闭合，变频器使电动机 M1 正转，当继电器 KA9 的线圈上电时，继电器 KA9 的常开触点闭合，变频器使电动机 M1 反转。KA8 和 KA9 的常闭触点起互锁作用。

变频器的 13 和 17 与数控系统 HNC-21 的 14 和 15 相连，数控系统通过 14 和 15 发出调速信号，使主轴电动机 M1 得到不同的转速。

此外，用于检测主轴的位置和速度的编码器、编码器与变频器上的位置卡相连的信号线以及变频器与数控系统相连的其他信号线在图 3-12 中没有画出，请读者参考相关资料。

（3）电源回路　XK714A 数控铣床的电源回路如图 3-13 所示。TC1 为控制变压器，初级线圈为 AC 380V，次级线圈为 AC 110V、AC 220V 和 AC 24V。其中，AC 110V 是交流控制回路和热交换器电动机的电源，AC 24V 是机床的工作灯的电源。AC 220V 向润滑电动机、风扇电动机和直流稳压电源提供电源。QF5、QF6 和 QF7 是断路器，起过载和短路保护作用，同时可手动接通和切断电源。DC 24V 电源向数控系统、24V 继电器、PLC 的输入和输出、电柜排风扇等提供电源。220A 和 220B 向伺服驱动器提供电源。

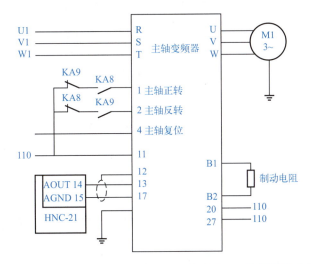

图3-12　XK714A 数控铣床电气控制电路图——变频调速回路

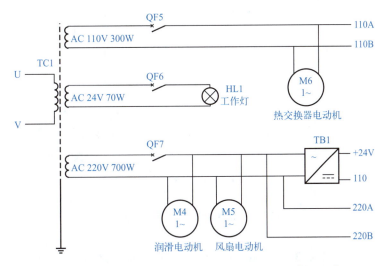

图3-13　XK714A 数控铣床电气控制电路图——电源回路

　　注意：图3-11 中的端子号 U1、V1 和 W1 与图3-12 中的相同端子号相连，图3-11 中的端子号 U 和 V 与图3-13 中的相同端子号相连，图3-11 中的端子号 220A 和 220B 与图3-13 中的相同端子号相连。另外，需要指出的是图3-12 中的 U、V 和 W 是变频器生产厂家定义的端子号，直接与主轴电动机相连，而不与图3-11 中的 U、V 和 W 相连。

　　（4）控制回路　XK714A 数控铣床的控制回路分为交流控制回路（如图3-14 所示）和直流控制回路（如图3-15 所示）。

　　① 主轴控制。图3-15 中，SQX-1 和 SQX-2、SQY-1 和 SQY-2、SQZ-1 和 SQZ-2 分别是伺服轴的 X、Y、Z 方向的限位开关，SB1 是急停按钮，SB2 是超程解除按钮。由于 110 是系统的零电位点，当伺服轴的 X、Y、Z 方向的限位开关没有被压上、SB1 急停按钮没有按下

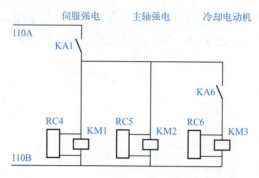

图3-14　XK714A数控铣床电气控制电路图——交流控制回路

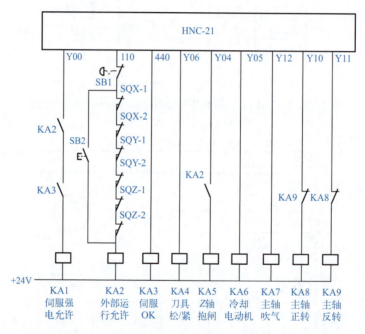

图3-15　XK714A数控铣床电气控制电路图——直流控制回路

时，KA2的线圈上电，KA2的常开触点闭合，当伺服驱动器准备好后，伺服驱动器向HNC-21发出信号，HNC-21收到信号后使440变成低电平，此时KA3的线圈上电，KA3的常开触点闭合，当HNC-21的Y00输出低电平发出伺服强电允许信号时，图3-15中的KA1的线圈上电，图3-14中的KA1的常开触点闭合，进而使KM1、KM2的线圈上电，KM1和KM2的常开触点吸合（如图3-11所示），变频器上加上AC 380V电压，伺服驱动器上加上AC 200V电压。若要使主轴正转，HNC-21的Y10输出低电平发出正转信号，使KA8的线圈上电，从而使图3-12中KA8的常开触点闭合，主轴电动机正转。若要主轴反转，HNC-21的Y11输出低电平发出反转信号，使KA9的线圈上电，从而使图3-12中的KA9的常开触点闭合，主轴电动机反转。

　　图3-14中的灭弧器RC4、RC5、RC6的作用是当电路断开时，吸收接触器的能量，避免产生过电压。

②　冷却电动机控制。HNC-21的Y05输出低电平时发出冷却电动机工作信号，使KA6的线圈上电，从而使图3-14中的KA6的常开触点闭合，图3-11中的KM3的常开触点闭合，冷却电动机运转，冷却系统工作。

③　换刀控制。当HNC-21的Y06输出低电平时发出刀具松/紧信号，使KA4的线圈上电，刀具松/紧电磁阀通电，刀具松开，将刀具拔下，延时一段时间后，HNC-21的Y12输出低电平发出主轴吹气信号，使KA7的线圈上电，继电器KA7的常开触点闭合，主轴吹气电磁阀通电，吹掉主轴锥孔内的脏物，延时一段时间后，HNC-21的Y12输出高电平，吹气电磁阀断电，停止吹气。HNC-21数控系统实际上就是一台特殊的工业控制计算机，它具有定时功能，因此虽然吹气时有延时，但是不需要时间继电器。

本节的XK714A0数控铣床电气控制电路图并没有画成一整张图，而是画成5张图纸，这种画法对于比较复杂的电气控制系统是常采用的。阅读时，先读懂每一张，最后综合5张图纸一起分析，也就是采用"化整为零"和"综合分析"的原则。

习题3

第**4**章

可编程控制器基础

‖ 学习目标 ‖

- 了解PLC的分类、性能指标和应用范围。
- 掌握PLC的结构和工作原理。
- 掌握S7-1200 PLC及其扩展模块的接线。
- 掌握S7-1200 PLC数据类型、元件的功能与地址分配。
- 掌握TIA Portal软件的安装和使用。

4.1 认识PLC

4.1.1 PLC是什么

认识PLC

    PLC是Programmable Logic Controller（可编程控制器）的简称，国际电工委员会（IEC）于1985年对可编程控制器（PLC）作了如下定义：可编程控制器是一种数字运算操作的电子系统，专为在工业环境下应用而设计。它采用可编程序的存储器，在其内部存储执行逻辑运算、顺序控制、定时、计数和算术运算等操作的指令，并通过数字量、模拟量的输入和输出，控制各种类型的机械或生产过程。可编程控制器及其有关设备，都应按易于与工业控制系统连成一个整体、易于扩充功能的原则设计。PLC是一种工业计算机，其种类繁多，不同厂家的产品有各自的特点，但作为工业标准设备，PLC又有一定的共性。常见品牌的PLC外形如图4-1所示。

(a) 西门子PLC   (b) 汇川PLC   (c) 三菱PLC   (d) 信捷PLC

图4-1　知名品牌的PLC外形

4.1.2　PLC的发展历史

20世纪60年代以前，汽车生产线的自动控制系统基本上都是由继电器控制装置构成。当时每次改型都直接导致继电器控制装置的重新设计和安装，美国福特汽车公司创始人亨利·福特曾说过："不管顾客需要什么，我生产的汽车都是黑色的。"从侧面反映汽车改型和升级换代比较困难。为了改变这一现状，1969年，美国的通用汽车公司（GM）公开招标，要求用新的装置取代继电器控制装置，并提出十项招标指标，要求编程方便、现场可修改程序、维修方便、采用模块化设计、体积小及可与计算机通信等。同一年，美国数字设备公司（DEC）研制出了世界上第一台PLC，即PDP-14，在美国通用汽车公司的生产线上试用成功，并取得了满意的效果，PLC从此诞生。由于当时的PLC只能取代继电器接触器控制，功能仅限于逻辑运算、计时及计数等，所以称为"可编程逻辑控制器"。伴随着微电子技术、控制技术与信息技术的不断发展，PLC的功能不断增强。美国电气制造商协会（NEMA）于1980年正式将其命名为"可编程控制器"，简称PC，由于这个名称和个人计算机的简称相同，容易混淆，因此在我国，很多人仍然习惯称可编程控制器为PLC。

由于PLC具有易学易用、操作方便、可靠性高、体积小、通用灵活和使用寿命长等一系列优点，因此，很快就在工业中得到了广泛应用。同时，这一新技术也受到其他国家的重视。1971年日本引进这项技术，很快研制出日本第一台PLC；欧洲于1973年研制出第一台PLC；我国从1974年开始研制，1977年国产PLC正式投入工业应用。

20世纪80年代以来，随着电子技术的迅猛发展，以16位和32位微处理器构成的微机化PLC得到快速发展（例如GE的RX7i，使用的是赛扬CPU，其主频达1GHz，其信息处理能力几乎和个人电脑相当），使得PLC在设计、性能价格比以及应用方面有了突破，不仅控制功能增强、电磁兼容性（EMC）提高、功耗和体积减小、成本下降、可靠性提高以及编程和故障检测更为灵活方便，而且随着远程I/O和通信网络、数据处理及图像显示的发展，PLC已经普遍用于控制复杂的生产过程。PLC从继电器控制系统发展而来，为了取代其逻辑控制，已经成为工厂自动化的三大支柱（PLC、机器人、CAD/CAM）之一。

4.1.3　PLC的应用范围

目前，PLC在国内外已广泛应用于机床、控制系统、自动化楼宇、钢铁、石油、化工、电力、建材、汽车、纺织机械、交通运输、环保以及文化娱乐等各行各业。随着PLC性能价格比的不断提高，其应用范围还将不断扩大，其应用场合可以说是无处不在，具体应用大致可归纳为如下几类。

（1）顺序控制　顺序控制是PLC最基本、应用最广泛的领域，它可取代传统的继电器顺序控制。PLC用于单机控制、多机群控制和自动化生产线的控制，例如数控机床、注塑机、印刷机械、电梯控制和纺织机械等。

（2）计数和定时控制　PLC为用户提供了足够的定时器和计数器，并设置相关的定时和计数指令。PLC的计数器和定时器精度高、使用方便，可以取代继电器系统中的时间继电器和计数器。

（3）位置控制　目前大多数的PLC制造商都提供拖动步进电动机或伺服电动机的单轴或多轴位置控制模块，这一功能可广泛用于各种机械，如金属切削机床和装配机械等。

（4）模拟量处理　PLC通过模拟量的输入/输出模块，实现模拟量与数字量的转换，并对模拟量进行控制，有的还具有PID控制功能。例如用于锅炉的水位、压力和温度控制。

（5）数据处理　现代的PLC具有数学运算、数据传递、转换、排序和查表等功能，也能完成数据的采集、分析和处理。

（6）通信联网　PLC的通信包括PLC之间、PLC与上位计算机之间以及PLC和其他智能设备之间的通信。PLC系统与通用计算机可以直接或通过通信处理单元、通信转接器相连构成网络，以实现信息的交换，并可构成"集中管理、分散控制"的分布式控制系统，满足工厂自动化系统的需要。

4.1.4　PLC的分类与性能指标

1）PLC的分类

（1）从组成结构形式分类　根据组成结构，可以将PLC分为两类：一类是整体式PLC（也称单元式PLC），其特点是电源、中央处理单元和I/O接口都集成在一个机壳内；另一类是标准模板式结构化的PLC（也称组合式PLC），其特点是电源模板、中央处理单元模板和I/O模板等在结构上是相互独立的，可根据具体的应用要求选择合适的模块安装在固定的机架或导轨上，构成一个完整的PLC应用系统。

（2）按I/O点容量分类　按I/O点容量分类，没有严格的标准，以下是常见的划分方法。

① 小型PLC。小型PLC的I/O点数一般在256点以下。

② 中型PLC。中型PLC采用模块化结构，其I/O点数一般在256～1024（或2048）点之间。

③ 大型PLC。一般I/O点数在1024（或2048）点以上的称为大型PLC。

以上按照I/O点容量区分小型、中型和大型PLC是常规的分类方法。

2）PLC的性能指标

各厂家的PLC虽然各有特色，但其主要性能指标是相同的。

（1）输入/输出（I/O）点数　输入/输出（I/O）点数是最重要的一项技术指标，是指PLC面板上连接外部输入、输出的端子数，常称为"点数"，用输入与输出点数的和表示。点数越多表示PLC可接入的输入器件和输出器件越多，控制规模越大。点数是PLC选型时最重要的指标之一。

（2）扫描速度　扫描速度是指PLC执行程序的速度。用执行1000步指令所需的时间衡量。1步占1个地址单元。

（3）存储容量　存储容量通常用千字节（KB，KByte）或者千位（Kb，Kbit）表示。这里1K＝1024。有的PLC用"步"来衡量，一步占用一个地址单元。存储容量表示PLC能存放多少用户程序。例如，三菱型号为FX2N-48MR的PLC存储容量为8000步。有的PLC的存储容量可以根据需要配置，有的PLC的存储器可以扩展。

（4）指令系统　指令系统影响该PLC的软件功能。指令越多，编程功能就越强。

（5）内部寄存器（继电器）　PLC内部有许多寄存器用来存放变量、中间结果、数据等，还有许多辅助寄存器可供用户使用。因此寄存器的配置也是衡量PLC功能的一项指标。

（6）扩展能力　扩展能力是反映PLC性能的重要指标之一。PLC除了主控模块外，还可配置实现各种特殊功能的功能模块。例如AD模块、DA模块、高速计数模块和远程通信模块等。

4.1.5　国内知名PLC介绍

1）国产PLC品牌

我国自主品牌的PLC生产厂家超过30家。在目前已经上市的众多PLC产品中，单从技术角度来看，国产小型PLC与国际知名品牌小型PLC差距很小。有的国产PLC（如信捷牌）开发了很多适合亚洲人使用的方便指令，使用越来越广泛。再如汇川、无锡信捷、和利时和中国台达等公司生产的小型PLC已经比较成熟，其可靠性在许多应用中得到了验证，已经被用户广泛认可。汇川和禾川的大中型PLC突破了技术壁垒，也有较好口碑，是自主品牌的骄傲。据中国工控网的数据，2021年，国内市场销售前十名的PLC中，中国品牌PLC占四个（见表4-1）。

表 4-1　2021年中国市场PLC市场十强

排名	品牌	备注	排名	品牌	备注
1	西门子		6	施耐德	
2	欧姆龙		7	汇川	中国品牌
3	三菱		8	无锡信捷	中国品牌
4	台达	中国品牌	9	松下	
5	罗克韦尔（AB）		10	和利时	中国品牌

掌握自主可控的自动化技术对一个国家的国防和重要工业部门（电力、石油、化工等）的安全非常重要，若没有掌握，国防安全和工业安全会存在安全隐患。所幸以和利时为代表的自主品牌PLC解决了这一问题，该品牌PLC的操作系统和芯片均采用自主品牌产品，做到了技术完全自主可控。工程技术人员优先选用自主可控自动控制设备是非常关键的。

2）国外PLC品牌

目前PLC在我国得到了广泛的应用，很多知名厂家的PLC在我国都有应用。

① 美国是PLC生产大国，有100多家PLC生产厂家。其中AB公司（罗克韦尔）的PLC产品规格比较齐全，主推大中型PLC。通用电气也是知名PLC生产厂商，大中型PLC产品系列有RX3i和RX7i等。德州仪器也生产大、中、小全系列PLC产品。

② 欧洲的PLC产品久负盛名。德国的西门子公司、AEG公司和法国的TE公司都是欧洲著名的PLC制造商。

③ 日本的小型PLC具有一定的特色，性价比较高，比较有名的品牌有三菱、欧姆龙、松下、富士、日立和东芝等。

4.2　PLC的结构和工作原理

4.2.1　PLC的硬件组成

PLC种类繁多，但其基本结构和工作原理相同。PLC的功能结构区由CPU（中央处理器）、存储器和输入接口/输出接口三部分组成，如图 4-2 所示。

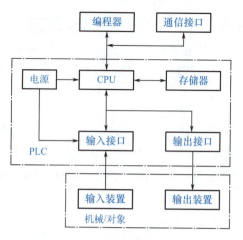

图4-2　PLC 结构框图

1）CPU（中央处理器）

CPU 的功能是完成 PLC 内所有的控制和监视操作。中央处理器一般由控制器、运算器和寄存器组成。CPU 通过数据总线、地址总线和控制总线与存储器、输入输出接口电路连接。

2）存储器

在 PLC 中有两种类型的存储器：一种是只读类型的存储器，如 EPROM 和 EEPROM；另一种是可读/写的随机存储器 RAM。存储器分为以下 5 种。

① 程序存储器。其类型是只读存储器（ROM），PLC 的操作系统存放在这里，操作系统的程序由制造商固化，通常不能修改。存储器中的程序负责解释和编译用户编写的程序、监控 I/O 口的状态、对 PLC 进行自诊断以及扫描 PLC 中的程序等。

② 系统存储器。属于随机存储器（RAM），主要用于存储中间计算结果、数据和系统管理，有的 PLC 厂家用系统存储器存储一些系统信息如错误代码等。系统存储器不对用户开放。

③ I/O 状态存储器。属于随机存储器，用于存储 I/O 装置的状态信息，每个输入模块和输出模块都在 I/O 映像表中分配一个地址，而且这个地址是唯一的。

④ 数据存储器。属于随机存储器，主要用于数据处理，为计数器、定时器、算术计算和过程参数提供数据存储。有的厂家将数据存储器细分为固定数据存储器和可变数据存储器。

⑤ 用户编程存储器。其类型可以是随机存储器、可擦除存储器（EPROM）和电擦除存储器（EEPROM），高档的 PLC 还可以用 FLASH。用户编程存储器主要用于存放用户编写的程序。

存储器的关系如图 4-3 所示。

只读存储器可以用来存放系统程序，PLC 断电后再上电，系统内容不变且重新执行。只读存储器也可用来固化用户程序和一些重要参数，以免因偶然操作失误而造成程序和数据的损坏或丢失。随机存储器中一般存放用户程序和系统参数。当 PLC 处于编程工作中时，CPU 从 RAM 中取指令并执行。用户程序执行过程中产生的中间结果也在 RAM 中暂时存放。RAM 通常由 CMOS 型集成电路组成，功耗小，但断电时内容消失，所以一般使用大电容或后备锂电池保证掉电后 PLC 的内容在一定时间内不丢失。

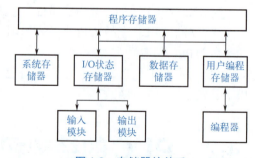

图4-3　存储器的关系

3）输入/输出接口

PLC 的输入和输出信号可以是开关量或模拟量。输入/输出接口是 PLC 内部弱电（low

power）信号和工业现场强电（high power）信号联系的桥梁。输入/输出接口主要有两个作用：一是利用内部的电隔离电路将工业现场和PLC内部进行隔离，起保护作用；二是调理信号，可以把不同的信号（如强电、弱电信号）调理成CPU可以处理的信号（5V、3.3V或2.7V等）。

输入/输出接口模块是PLC系统中最大的部分，输入/输出接口模块通常需要电源，输入电路的电源可以由外部提供，对于模块化的PLC还需要背板（安装机架）。

（1）输入接口电路

① 输入接口电路的组成和作用。输入接口电路由接线端子、信号调理和电平转换电路、模块状态显示电路、电隔离电路和多路选择开关模块组成，如图4-4所示。现场的信号必须连接在输入端子才能将信号输入到CPU中，它提供了外部信号输入的物理接口。信号调理和电平转换电路十分重要，可以将工业现场的信号（如强电AC 220V信号）转化成电信号（CPU可以识别的弱电信号）。电隔离电路主要是利用电隔离器件将工业现场的机械或者电输入信号和PLC的CPU的信号隔开，它能确保过高的电干扰信号和浪涌不串入PLC的微处理器，起保护作用，用得最多的是光电隔离。当外部有信号输入时，输入模块上有指示灯显示，模块状态显示电路比较简单，当线路中有故障时，它帮助用户查找故障，由于氖灯或LED灯的寿命比较长，所以指示灯通常是氖灯或LED灯。多路选择开关接收调理完成的输入信号，并存储在多路选择开关模块中，当输入循环扫描时，多路选择开关模块中的信号输送到I/O状态寄存器中。

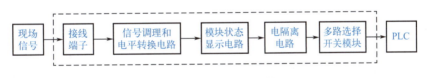

图4-4 输入接口的结构

② 输入信号的设备的种类。输入信号可以是离散信号和模拟信号。当输入端是离散信号时，输入端的设备类型可以是按钮、转换开关、继电器触点、行程开关、接近开关以及压力继电器等，如图4-5所示（具体接线在后续章节讲解），控制部分的电压通常是DC 24V。当输入端为模拟信号时，输入设备的类型可以是力传感器、温度传感器、流量传感器、电压传感器、电流传感器以及压力传感器等。

（2）输出接口电路

① 输出接口电路的组成和作用。输出接口电路由多路选择开关模块、信号锁存器、电隔离电路、模块状态显示电路、输出电平转换电路和接线端子组成，如图4-6所示。在输出扫描期间，多路选择开关模块接收来自映像表中的输出信号，并对这个信号的状态和目标地址进行译码，最后将信息送给信号锁存器。信号锁存器将多路选择开关模块的信号保存起来，直到下一次更新。输出接口的电隔离电路作用和输入模块的一样，但是由于输出模块输出的信号比输入信号要强得多，因此要求隔离电磁干扰和浪涌的能力更高，PLC的电磁兼容性（EMC）好，适用于绝大多数的工业场合。输出电平转换电路将电隔离电路送来的信号放大成可以足够驱动现场设备的信号，放大器件可以是双向晶闸管、三极管等。输出的接线端子用于将输出模块与现场设备相连接。

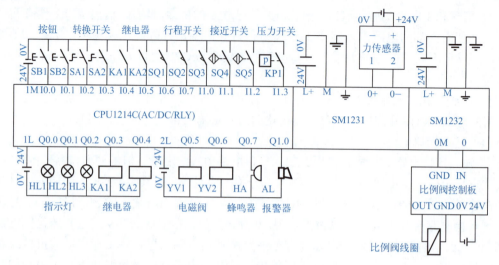

图4-5　输入/输出接口实例

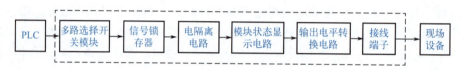

图4-6　输出接口的结构

PLC有三种输出接口形式：继电器输出、晶体管输出和晶闸管输出形式。继电器输出形式的PLC的负载电源可以是直流电源或交流电源，但其输出响应频率较慢，其内部电路如图4-7所示。晶体管输出形式的PLC负载电源是直流电源，其输出响应频率较快，其内部电路如图4-8所示。晶闸管输出形式的PLC的负载电源是交流电源，西门子S7-1200 PLC的CPU模块暂时还没有晶闸管输出形式的产品出售，但三菱FX系列有这种产品。选型时要特别注意PLC的输出形式。

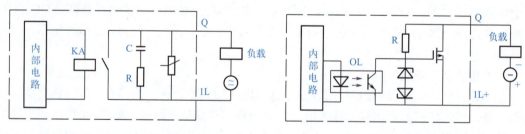

图4-7　继电器输出内部电路　　　　　　　　图4-8　晶体管输出内部电路

② 输出信号的设备的种类。输出信号可以是离散信号和模拟信号。当输出端是离散信号时，输出端的设备类型可以是各类指示灯、继电器线圈、电磁阀的线圈、蜂鸣器和报警器等，如图4-5所示。当输出端为模拟信号时，输出设备的类型可以是比例阀、AC驱动器（如交流伺服驱动器）、DC驱动器、模拟量仪表、温度控制器和流量控制器等。

【关键点】PLC的继电器型输出虽然响应速度慢，但其驱动能力强，一般为2A，这是继电器型输出PLC的一个重要的优点。一些特殊型号的PLC，如西门子LOGO! 的某些型号驱动能力可达5A和10A，能直接驱动接触器。此外，从图4-7中可以看出，对于继电器型输出形式的PLC，一般的误接线通常不会引起PLC内部器件的烧毁（高于交流220V电压是不允许的）。因此，继电器输出形式是选型时的首选，在工程实践中用得比较多。

晶体管输出的PLC的输出电流一般小于1A，西门子S7-1200的输出电流是0.5A（西门子有的型号的PLC的输出电流为0.75A），可见晶体管输出的驱动能力较小。此外，从图4-8可以看出，对于晶体管型输出形式的PLC，一般的误接线可能会引起PLC内部器件的烧毁，所以要特别注意。

4.2.2　PLC的工作原理

PLC是一种存储程序的控制器。用户根据某一对象的具体控制要求编制好控制程序后，用编程器将程序输入到PLC（或用计算机下载到PLC）的用户程序存储器中寄存。PLC的控制功能就是通过运行用户程序来实现的。

PLC运行程序的方式与微型计算机相比有较大的不同。微型计算机运行程序时，一旦执行到END指令，程序运行便结束；而PLC从0号存储地址所存放的第一条用户程序开始，在无中断或跳转的情况下，按存储地址号递增的方向顺序逐条执行用户程序，直到END指令结束，然后再从头开始执行，并周而复始地重复，直到停机或从运行（RUN）切换到停止（STOP）工作状态。PLC这种执行程序的方式被称为扫描工作方式。每扫描完一次程序就构成一个扫描周期。另外，PLC对输入、输出信号的处理与微型计算机不同。微型计算机对输入、输出信号实时处理，而PLC对输入、输出信号是集中批处理。下面具体介绍PLC的扫描工作过程。其运行和信号处理示意如图4-9所示。

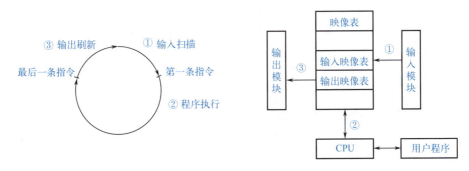

图4-9　PLC内部运行和信号处理示意图

PLC扫描工作方式主要分为三个阶段：输入扫描、程序执行和输出刷新。

（1）输入扫描　PLC在开始执行程序之前，首先扫描输入端子，按顺序将所有输入信号读入到寄存器-输入状态的输入映像寄存器中，这个过程称为输入扫描。PLC在运行程序时，所需的输入信号不是现时取自输入端子上的信息，而是取自输入映像寄存器中的信息。在本工作周期内这个采样结果的内容不会改变，只有到下一个扫描周期输入扫描阶段才被刷新。PLC的扫描速度很快，扫描速度取决于CPU的时钟速度。

（2）程序执行　PLC完成了输入扫描工作后，按顺序将从0号地址开始的程序逐条扫描执行，并分别从输入映像寄存器、输出映像寄存器以及辅助继电器中获得所需的数据进行运算处理，再将程序执行的结果写入输出映像寄存器中保存。但这个结果在全部程序未被执行完毕之前不会送到输出端子上，也就是物理输出是不会改变的。扫描时间取决于程序的长度、复杂程度和CPU的功能。

（3）输出刷新　在执行到END指令，即执行完用户所有程序后，PLC将输出映像寄存器中的内容送到输出锁存器中进行输出，驱动用户设备。扫描时间取决于输出模块的数量。

从以上的介绍可以知道，PLC程序扫描特性决定了PLC的输入和输出状态并不能在扫描的同时改变，例如一个按钮开关的输入信号的输入刚好在输入扫描之后，那么这个信号只有在下一个扫描周期才能被读入。

上述三个步骤是PLC的软件处理过程，或以认为其所需的时间就是程序扫描时间。扫描时间通常由三个因素决定：一是CPU的时钟速度，越高档的CPU，时钟速度越高，扫描时间越短；二是I/O模块的数量，模块数量越少，扫描时间越短；三是程序的长度，程序长度越短，扫描时间越短。一般的PLC执行容量为1K的程序需要的扫描时间是1～10ms。

如图4-10所示为西门子PLC循环扫描工作过程。

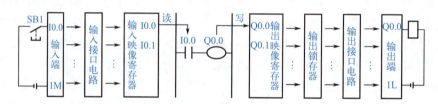

图4-10　PLC循环扫描工作过程

4.3　S7-1200 CPU模块的接线

4.3.1　西门子PLC简介

德国西门子（Siemens）公司是欧洲最大的电子和电气设备制造商之一，其生产的SIMATIC（Siemens Automation，即西门子自动化）可编程控制器在欧洲处于领先地位。

西门子公司的第一代PLC是1975年投放市场的SIMATIC S3系列的控制系统。之后在1979年，西门子公司将微处理器技术应用到PLC中，研制出了SIMATIC S5系列，取代了S3系列，目前S5系列产品仍然有少量在工业现场使用。20世纪末，又在S5系列的基础上推出了S7系列产品。

SIMATIC S7系列产品分为S7-200、S7-200CN、S7-200 SMART、S7-1200、S7-300、S7-400和S7-1500等产品系列，其外形如图4-11所示。S7-200 PLC是在西门子公司收购的小型PLC的基础上发展而来，因此其指令系统、程序结构及编程软件和S7-300/400 PLC有较大的区别，在西门子PLC产品系列中是一个特殊的产品。S7-200 SMART PLC是S7-200 PLC的升级版本，是西门子家族的新成员，于2012年7月发布，其绝大多数的指令和使用方法与S7-200 PLC类似，其编程软件也和S7-200 PLC的类似，而且在S7-200 PLC运行的程序，相当部分可以在S7-200 SMART PLC中运行。S7-1200 PLC是在2009年才推出的新型小型PLC，定位于S7-200 PLC和S7-300 PLC产品之间。S7-300/400 PLC由西门子的S5系列发展而来，是西门子公司最具竞争力的 PLC 产品。2013 年西门子公司又推出了新品 S7-1500 PLC。目前 S7-200/300 已经停产。

| (a) LOGO! | (b) S7-200 SMART | (c) S7-1200 | (d) S7-300 | (e) S7-400 | (f) S7-1500 |

图 4-11　SIMATIC 控制器的外形

SIMATIC 产品除了 SIMATIC S7 外，还有 M7、C7 和 WinAC 系列等。

4.3.2　S7-1200 PLC 的体系

S7-1200 PLC 的硬件主要包括电源模块、CPU 模块、信号模块、通信模块和信号板（CB 和 SB）。S7-1200 PLC 本机的体系图如图 4-12 所示，通信模块安装在 CPU 模块的左侧，信号模块安装在 CPU 模块的右侧。西门子早期的 PLC 产品，扩展模块只能安装在 CPU 模块的右侧。

S7-1200 PLC 的
体系与安装

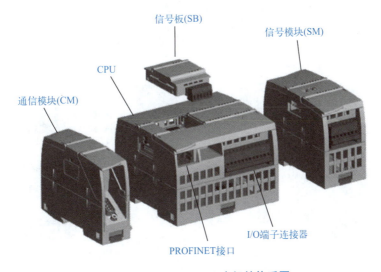

图 4-12　S7-1200 PLC 本机的体系图

（1）S7-1200 PLC 本机扩展　S7-1200 PLC 本机最多可以扩展 8 个信号模块、3 个通信模块和 1 个信号板，最大本地数字 I/O 点数为 284 点，其中 CPU 模块最多 24 点，8 个信号模块最多 256 点，信号板最多 4 点，不计算通信模块的数字量点数。

最大本地模拟 I/O 点数为 37 点，其中 CPU 模块最多 4 点（CPU1214C 为 2 点，CPU1215C、CPU1217C 为 4 点），8 个信号模块最多 32 点，信号板最多 1 点，不计算通信模块扩展的模拟

S7-1200 PLC
安装实操

S7-1200 PLC
拆卸实操

量点数，如图4-13所示。

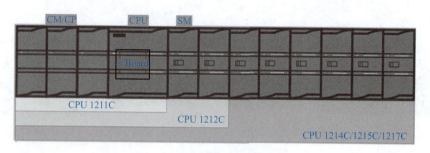

图4-13　S7-1200 PLC本机的扩展图

（2）S7-1200 PLC总线扩展　S7-1200 PLC可以进行PROFIBUS-DP和PROFINET通信（两种常用的现场总线协议），即可以进行总线扩展。

S7-1200 PLC的PROFINET通信，使用CPU模块集成的PROFINET（简称PN）接口即可，S7-1200 PROFINET通信最多扩展16个I/O设备站，256个模块，如图4-14所示。PROFINET控制器站数据区的大小为输入区最大1024字节（8196点），输出区最大1024字节（8196点）。此PN接口还集成了Modbus-TCP、S7通信和OUC通信。

S7-1200 PLC的PROFIBUS-DP通信，要配置PROFIBUS-DP通信模块，主站模块是CM1243-5，S7-1200 PROFIBUS-DP通信最多扩展32个从站，512个模块，如图4-15所示。PROFIBUS-DP主站数据区的大小为输入区最大1024字节（8196点），输出区最大1024字节（8196点）。

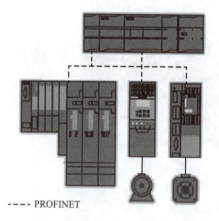

---- PROFINET

图4-14　S7-1200 PLC的PROFINET通信扩展图

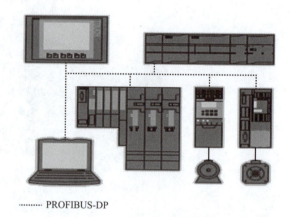

········· PROFIBUS-DP

图4-15　S7-1200 PLC的PROFIBUS-DP通信扩展图

4.3.3　S7-1200 PLC的CPU模块及接线

S7-1200 PLC的CPU模块是S7-1200 PLC系统中最核心的部分。目前，S7-1200 PLC的CPU有5类：CPU 1211C、CPU 1212C、CPU 1214C、CPU 1215C、和CPU 1217C。每类CPU模块又细分为三种规格：DC/DC/DC、DC/DC/RLY 和 AC/DC/RLY。细分规格标记印刷在CPU模块的外壳上侧，细分规格标记及其含义如图4-16所示。

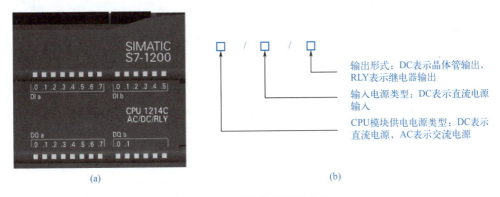

图 4-16 细分规格标记及含义

如图 4-16（a）中标记 AC/DC/RLY 的含义是：CPU 模块的供电电压是交流电，范围为 AC 120～240V；输入电源是直流电源，范围为 DC 20.4～28.8V；输出形式是继电器输出。

1）CPU 模块的外部介绍

S7-1200 PLC 的 CPU 模块将微处理器、集成电源、模拟量 I/O 点和多个数字量 I/O 点集成在一个紧凑的盒子中，形成功能比较强大的 S7-1200 系列微型 PLC，外形如图 4-17 所示。以下按照图中序号为顺序介绍其外部的各部分的功能。

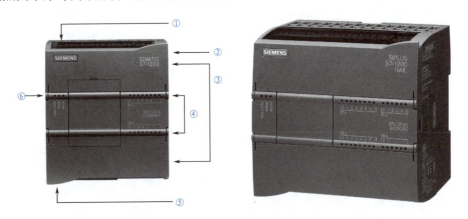

图 4-17 S7-1200 PLC 的 CPU 外形

① 电源接口。用于向 CPU 模块供电的接口，有交流和直流两种供电方式。

② 存储卡插槽。位于上部保护盖下面，用于安装 SIAMTIC 存储卡。

③ 接线连接器。也称为接线端子，位于保护盖下面。接线连接器具有可拆卸的优点，便于 CPU 模块的安装和维护。

④ 板载 I/O 的状态 LED。通过板载 I/O 的状态 LED 指示灯（绿色）的点亮或熄灭，指示各输入或输出的状态。

⑤ 集成以太网口（PROFINET 连接器）。位于 CPU 的底部，用于程序下载、设备组网。这使得程序下载更加方便快捷，节省了购买专用通信电缆的费用。

⑥ 运行状态 LED。用于显示 CPU 的工作状态，如运行状态、停止状态和强制状态等，详见下文介绍。

2）CPU 模块的常规规范

要掌握S7-1200 PLC的CPU的具体的技术性能，必须查看其常规规范，表4-2是CPU选型的主要依据。

表4-2　S7-1200 PLC的CPU常规规范（固件版本V4.6）

特征		CPU 1211C	CPU 1212C	CPU 1214C	CPU 1215C	CPU 1217C
物理尺寸/mm		90×100×75		110×100×75	130×100×75	150×100×75
用户存储器	工作/KB	75	100	150	200	250
	负载/MB	1	2	4		
	保持性/KB	14				
本地板载 I/O	数字量	6点输入/4点输出	8点输入/6点输出	14点输入/10点输出		
	模拟量	2路输入			2点输入/2点输出	
过程映像存储区大小	输入（I）	1024字节				
	输出（Q）	1024字节				
位存储器（M）		4096字节		8192字节		
信号模块（SM）扩展		无	2块	8块		
信号板（SB）、电池板（BB）或通信板（CB）		1块				
通信模块（CM），左侧扩展		3块				
高速计数器	总计	最多可组态6个，使用任意内置或SB输入的高速计数器				
	1MHz	—				Ib.2 到 Ib.5
	100/80kHz	Ia.0 到 Ia.5				
	30/20kHz	—	Ia.6 到 Ia.7	Ia.6 到 Ib.5		Ia.6 到 Ib.1
脉冲输出	总计	最多可组态4个，使用任意内置或SB输出的脉冲输出				
	1MHz	—				Qa.0 到 Qa.3
	100kHz	Qa.0 到 Qa.3				Qa.4 到 Qb.1
	20kHz	—	Qa.4 到 Qa.5	Qa.4 到 Qb.1		-
存储卡		SIMATIC 存储卡（选件）				
实时时钟保持时间		通常为20天，40℃ 时最少为12天（免维护超级电容）				
PROFINET 以太网通信端口		1			2	

注：表中的参数是固件版本V4.6的参数，不同版本参数可能有不同。固件版本从V4.0到V4.5的CPU模块均可升级到V4.6。

3）S7-1200 PLC的指示灯

（1）S7-1200 PLC的CPU状态LED指示灯　S7-1200 PLC的CPU上有三盏状态LED指示灯，分别是RUN /STOP、ERROR和MAINT，用于指示CPU的工作状态，其亮灭状态代表一定的含义。

- RUN /STOP：绿色常亮代表正常运行，黄色代表停机。
- ERROR：红色代表有故障。
- MAINT：黄色代表维护，通常I/O点有强制时，显示黄色。

（2）通信状态的LED指示灯　S7-1200 PLC的CPU还配备了两个可指示PROFINET通信状态的LED指示灯。打开底部端子块的盖子可以看到这两个LED指示灯，分别是Link和R×/T×，其点亮的含义如下。

- Link（绿色）点亮，表示通信连接成功。
- R×/T×（黄色）点亮，表示通信传输正在进行。

（3）通道LED指示灯　S7-1200 PLC的CPU和各数字量信号模块（SM）为每个数字量输入和输出配备了I/O通道LED指示灯，通过I/O通道LED指示灯（绿色）的点亮或熄灭，指示输入或输出的状态。例如Q0.0通道LED指示灯点亮，表示Q0.0线圈得电。

4）CPU的工作模式

CPU有以下三种工作模式：STOP模式、STARTUP模式和RUN模式。CPU前面的状态LED指示当前工作模式。

① 在STOP模式下，CPU不执行程序，但可以下载项目。

② 在STARTUP（启动）模式下，若启动组织块（例如OB100）存在，则执行一次启动组织块。在启动模式下，CPU不会处理中断事件。

③ 在RUN模式下，程序循环组织块（例如OB1）重复执行，可能发生中断事件，并在RUN模式中的任意点执行相应的中断事件（如OB40）。可在RUN模式下下载项目的部分程序。

CPU支持通过暖启动进入RUN模式。暖启动不包括储存器复位。执行暖启动时，CPU会初始化所有的非保持性系统和用户数据，并保留所有保持性用户数据。

存储器复位将清除所有工作存储器、保持性及非保持性存储区，将装载存储器复制到工作存储器并将输出设置为组态中定义的"对CPU STOP的响应"（Reaction to CPU STOP）。

存储器复位不会清除诊断缓冲区，也不会清除永久保存的IP地址值。

【关键点】目前S7-200SMART/1200/1500 CPU仅有暖启动模式，而部分S7-400 CPU有热启动和冷启动。

5）CPU模块的接线

S7-1200 PLC的CPU规格虽然较多，但接线方式类似，因此本书仅以CPU 1214C/1215C为例进行介绍，其余规格产品请读者参考相关手册。

S7-1200 PLC CPU
模块及其接线

（1）CPU 1214C（AC/DC/RLY）的数字量输入端子的接线　下面以CPU 1214C（AC/DC/RLY）为例介绍数字量输入端的接线。"1M"是输入端的公共端子，与24V DC电源相连，电源有两种连接方法，对应PLC的NPN型和PNP型接法。当电源的负极与公共端子1M相连时，为PNP型接法（高电平有效，电流流入CPU模块），如图4-18所示，"N"和"L1"端子为交流电的电源接入端子，输入电压范围为120～240V AC，为CPU模块提供电源。"M"和"L+"端子为24V DC的电源输出端子，可向外围传感器提供电源（有向外的箭头）。数字量输入端子最常连接的器件是按钮和接近开关。

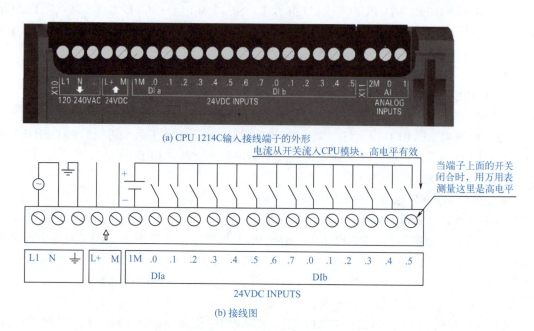

(a) CPU 1214C 输入接线端子的外形

(b) 接线图

图4-18　CPU 1214C 输入端子的接线（PNP）

（2）CPU 1214C（DC/DC/RLY）的数字量输入端子的接线　当电源的正极与公共端子 1M 相连时，为 NPN 型接法，其输入端子的接线如图4-19所示。

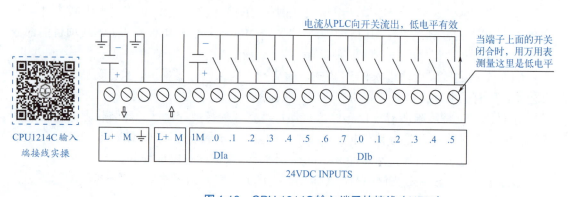

CPU1214C 输入
端接线实操

图4-19　CPU 1214C 输入端子的接线（NPN）

【关键点】在图4-19中，有两个"L+"和两个"M"端子，有箭头指向 CPU 模块内部的"L+"和"M"端子是向 CPU 供电的接线端子，有箭头指向 CPU 模块外部的"L+"和"M"端子是 CPU 向外部供电的接线端子（这个输出电源较少使用），切记两个"L+"不要短接，否则容易烧毁 CPU 模块内部的电源。

初学者往往不容易区分 PNP 型和 NPN 型的接法，经常混淆，若读者掌握以下的方法，就不会出错。把 PLC 作为负载，以输入开关（通常为接近开关）为对象，若信号从开关流出（信号从开关流出，向 PLC 流入），则 PLC 的输入为 PNP 型接法（也称源型）；把 PLC 作为负载，以输入开关（通常为接近开关）为对象，若信号从开关流入（信号从 PLC 流出，向开关流入），则 PLC 的输入为 NPN 型接法（也称漏型）。

（3）CPU 1214C（DC/DC/RLY）的数字量输出端子的接线　CPU 1214C 的数字量输出有两种形式，一种是 24V 直流输出（即晶体管输出），另一种是继电器输出。标注"CPU 1214C（DC/DC/DC）"的含义是：第一个 DC 表示供电电源电压为 24V DC，第二个 DC 表示输入端的电源电压为 24V DC，第三个 DC 表示输出为 24V DC，在 CPU 的输出点接线端子旁边印刷有"24V DC OUTPUTS"字样，含义是晶体管输出。标注"CPU 1214C（AC/DC/RLY）"的含义是：AC 表示供电电源电压为 120~240V AC，通常用 220V AC，DC 表示输入端的电源电压为 24V DC，"RLY"表示输出为继电器输出，在 CPU 的输出点接线端子旁边印刷有"RELAY OUTPUTS"字样，含义是继电器输出。

CPU 1214C 输出端子的接线（继电器输出）如图 4-20 所示。可以看出，输出是分组安排的，每组既可以是直流电源，也可以是交流电源，而且每组电源的电压大小可以不同，接直流电源时，CPU 模块没有方向性要求。数字量输出端子最常连接的器件是指示灯和线圈（中间继电器、电磁阀等）。

(a) CPU 1214C 继电器输出接线端子的外形

RELAY OUTPUTS

这里是负载电源，可以是 DC 或 AC，根据负载类型选择 DC 或 AC 及其电压大小，实际工程常用 +24V 直流电源

(b) 接线图

图 4-20　CPU 1214C 输出端子的接线 - 继电器输出

在给 CPU 进行供电接线时，一定要特别注意分清是哪一种供电方式，如果把 220V AC 接到 24V DC 供电的 CPU 上，或者不小心接到 24V DC 传感器的输出电源上，都会造成 CPU 的损坏。

（4）CPU 1214C（DC/DC/DC）的数字量输出端子的接线　目前 24V 直流输出只有一种形式，即 PNP 型输出，也就是常说的高电平输出，这点与日系 PLC 不同，日系 PLC 通常为 NPN 型输出（如三菱 FX3U），也就是低电平输出，理解这一点十分重要，特别是利用 PLC 进行运动控制（如控制步进电动机时），必须考虑这一点。

CPU 1214C 输出端子的接线（晶体管输出）如图 4-21 所示，负载电源只能是直流电源，且输出高电平信号有效，因此是 PNP 输出。

CPU1214C 输出
端接线实操

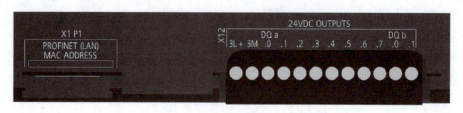

(a) CPU 1214C晶体管输出接线端子的外形

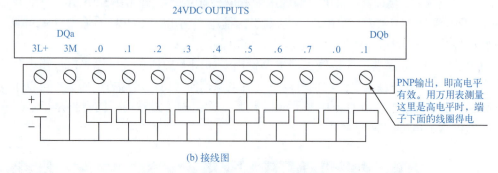

PNP输出，即高电平有效。用万用表测量这里是高电平时，端子下面的线圈得电

(b) 接线图

图 4-21　CPU 1214C 输出端子的接线 - 晶体管输出（PNP）

4.4　S7-1200 PLC的扩展模块及其接线

4.4.1　S7-1200 PLC数字量扩展模块及其接线

S7-1200 PLC 的数字量扩展模块比较丰富，包括数字量输入模块（SM1221）、数字量输出模块（SM1222）、数字量输入/直流输出模块（SM1223）和数字量输入/交流输出模块（SM1223）。以下将介绍几个典型的数字量扩展模块。

S7-1200 PLC 数字量模块及其接线

（1）数字量输入模块（SM1221）及其接线　数字量输入模块用于将外部的开关量信号转换成 PLC 可以识别的信号，通常与按钮和接近开关等连接。例如一个按钮连接在数字量模块 SM1221 上，此模块的作用实际就是把按钮断开或者闭合状态送到 CPU 模块。

目前 S7-1200 PLC 的数字量输入模块有多个规格，主要有 8 点和 16 点直流输入模块 SM1221。

数字量输入模块有专用的插针与 CPU 通信，并通过此插针由 CPU 向扩展输入模块提供 5V DC 的电源。SM1221 数字量输入模块的外形及接线如图 4-22 所示，可以为 PNP 输入（即高电平有效），也可以为 NPN 输入（即低电平有效）。

（2）数字量输出模块（SM1222）及其接线　目前 S7-1200 PLC 的数字量输出模块有多个规格，此模块把 CPU 运算的布尔结果送到外部设备，常与中间继电器的线圈和指示灯相连接。例如一盏灯与数字量输出模块的 Q0.0 输出端子相连，CPU 逻辑运算结果是 Q0.0 为 1，那么数字量输出模块的作用就是点亮这盏灯。在工程中继电器输出模块更加常用。

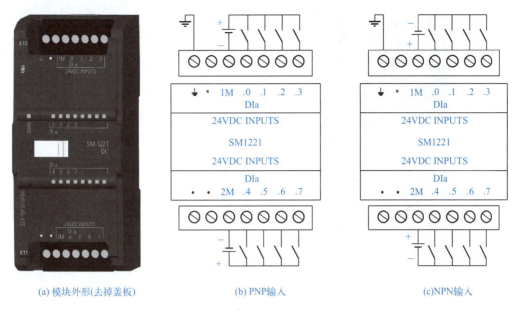

(a) 模块外形(去掉盖板)　　　　(b) PNP输入　　　　(c)NPN输入

图4-22　数字量输入模块（SM1221）的外形及接线

SM1222数字量继电器输出模块的外形及接线如图4-23所示，L+和M端子是模块的24V DC供电接入端子，而1L和2L可以接入直流和交流电源，是给负载供电，这点要特别注意。可以发现，数字量输入/输出扩展模块的接线与CPU的数字量输入输出端子的接线是类似的。

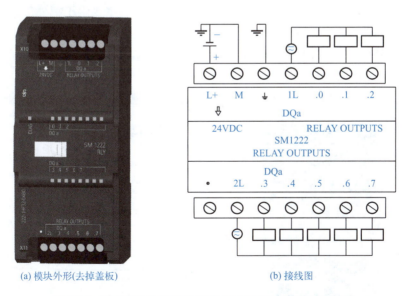

(a) 模块外形(去掉盖板)　　　　(b) 接线图

图4-23　数字量继电器输出模块（SM1222）的外形及接线

SM1222数字量晶体管输出模块的外形及接线如图4-24所示，为PNP输出（输出高电平信号），此模块不能为NPN输出。当然也有NPN输出型的数字量输出模块。

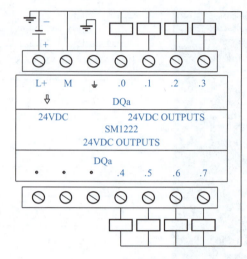

(a) 模块外形(去掉盖板)　　　　　　　　　(b) 接线图

图4-24　数字量晶体管输出模块（SM1222）的外形及接线

4.4.2　S7-1200 PLC模拟量模块及其接线

S7-1200 PLC模拟量模块及其接线

S7-1200 PLC模拟量模块包括模拟量输入模块（SM1231）、模拟量输出模块（SM1232）、热电偶和热电阻模拟量输入模块（SM1231热电偶/SM1231RTD）和模拟量输入/输出模块（SM1234）。

（1）模拟量输入模块（SM1231）及其接线　模拟量输入模块最常连接的器件是传感器和变送器。S7-1200 PLC的模拟量输入模块主要用于把外部的电流或者电压信号转换成CPU可以识别的数字量。例如一个测距传感器产生的是0～10V电压信号，此信号CPU无法识别，现将传感器连接到SM1231上，SM1231将0~10V电压信号转换成数字信号0～27648，CPU模块就可以识别了。

模拟量输入模块（SM1231）的外形及接线如图4-25所示，表示模拟量信号，其中的

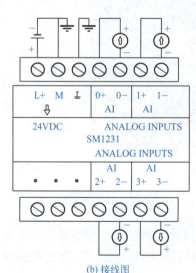

(a) 模块外形(去掉盖板)　　　　　　　　　(b) 接线图

图4-25　模拟量输入模块（SM1231）的外形及接线

箭头表示电流/电压信号流向，SM1231通常与各类模拟量传感器和变送器相连接，通道 0 和 1 只能同时测量电流或电压信号两者之一，通道 2 和 3 也是如此。信号范围为±10 V、±5 V、±2.5 V 和 0～20mA，满量程数据范围为−27648～+27648，这点与 S7-300/400/1500 PLC 相同。

（2）模拟量输出模块（SM1232）及其接线　模拟量输出模块最常连接的器件是变频器和比例阀等控制器。模拟量输出模块的作用是将 CPU 模块指定的数字量转换成模拟量，即 DA 转换，此模拟量可以作为控制信号。例如一个比例阀与模拟量输出模块相连，在 CPU 模块中设置数值 0～27648，经模拟量模块 DA 转换，输出 0~10V 的电压信号，控制阀门开度为 0～100%。

模拟量输出模块（SM1232）的外形及接线如图 4-26 所示，两个通道的模拟输出电流或电压信号可以按需要选择。信号范围为±10V、0～20mA 和 4～20mA，满量程数据范围为−27648～+27648，这点与 S7-300/400 PLC 相同，但不同于 S7-200 PLC。

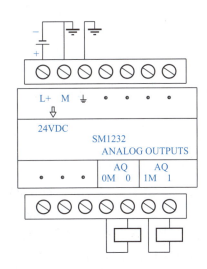

(a) 模块外形(去掉盖板)　　　　　　(b) 接线图

图 4-26　模拟量输出模块（SM1232）的外形及接线

4.5　S7-1200 PLC的数据类型与数据存储区

4.5.1　数据类型

数据是程序处理和控制的对象，在程序运行过程中，数据是通过变量来存储和传递的。变量有两个要素：名称和数据类型。对程序块或者数据块的变量进行声明时，都要包括这两个要素。

数据的类型决定了数据的属性，例如数据长度和取值范围等。TIA Portal 软件中的数据类型分为 3 大类：基本数据类型、复杂数据类型和其他数据类型。

S7-1200 PLC 的
数据类型

（1）基本数据类型　基本数据类型是根据 IEC61131-3（国际电工委员会制定的 PLC 编程语言标准）来定义的，每个基本数据类型具有固定的长度且不超过 64 位。

基本数据类型最为常用，细分为位数据类型、整数数据类型、字符数据类型、定时器数据类型及日期和时间数据类型。每一种数据类型都具备关键字、数据长度、取值范围和常数表等格式属性。以下分别介绍。

① 位数据类型。位数据类型包括布尔型（Bool）、字节型（Byte）、字型（Word）、双字型（DWord）。TIA Portal 软件的位数据类型见表 4-3。

表 4-3　位数据类型

关键字/说明	长度/位	取值范围	输入实例
Bool/布尔型	1	True 或 False（1 或 0）	TRUE、BOOL#1、BOOL#TRUE
Byte/字节型	8	B#16#0～ B#16#FF	15、BYTE#15、BYTE#10#15、B#15、IB0
Word/字型	16	十六进制：W#16#0～ W#16#FFFF	16#F0F0、WORD#16#F0F0 W#16#F0F0、IW0
DWord/双字型	32	十六进制：DW#16#0～ DW#16#FFFF_FFFF	16#00F0_FF0F、DW#16#00F0_FF0F、DWORD#16#00F0_FF0F、ID0

【关键点】在 TIA Portal 软件中，关键字不区分大小写，如 Bool 和 BOOL 都是合法的，不必严格区分。

② 整数和浮点数数据类型。整数数据类型包括有符号整数和无符号整数。有符号整数包括：短整数型（SInt）、整数型（Int）和双整数型（DInt）。无符号整数包括：无符号短整数型（USInt）、无符号整数型（UInt）和无符号双整数型（UDInt）。整数没有小数点。

实数数据类型包括实数（Real）和长实数（LReal），实数也称为浮点数。浮点数有正负且带小数点。TIA Portal 软件的整数和浮点数数据类型见表 4-4。

表 4-4　整数和浮点数数据类型

关键字/说明	长度/位	取值范围	输入实例
SInt/8 位有符号整数（短整数型）	8	−128～127	+44、SINT#+44、SINT#10#+44、MB0
Int/16 位有符号整数（整数型）	16	−32768～32767	+3_785、INT#+3_785、INT#10#+3_785、MW0
DInt/32 位有符号整数（双整数型）	32	−L#2147483648～ L#2147483647	+125_790、DINT#+125_790、DINT#10#+125_790、L#275、MD0
USInt/8 位无符号整数（无符号短整数型）	8	0～255	78、USINT#78、USINT#10#78、MB0
UInt/16 位无符号整数（无符号整数型）	16	0～65535	65_295、UINT#65_295、UINT#10#65_295、MW0

续表

关键字/说明	长度/位	取值范围	输入实例
UDInt/32 位无符号整数（无符号双整数型）	32	0～4294967295	4_042_322_160、UDINT#4_042_322_160、UDINT#10#4_042_322_160、MD0
Real/实数/32 位 IEEE754 标准浮点数	32	−3.402823E38～−1.175495E-38 +1.175495E-38～+3.402823E38	1.8、1.0E-5、REAL#1.0E-5、MD0
LReal/长实数/64 位 IEEE754 标准浮点数	64	−1.7976931348623158E+308 ～−2.2250738585072014E-308 +2.2250738585072014E-308 ～+1.7976931348623158E308	仅 S7-1500 支持

③ 定时器数据类型。定时器数据类型为时间数据类型（Time）。时间数据类型的操作数内容以毫秒表示，用于数据长度为32位的IEC定时器。表示信息包括天（d）、小时（h）、分钟（m）、秒（s）和毫秒（ms）。TIA Portal软件的定时器数据类型见表4-5。

表4-5　定时器数据类型

关键字/说明	长度/位	取值范围	输入举例
Time/IEC 时间	32	T#-24d20h31m23s648ms ～ T#+24d20h31m23s647ms	T#20s_630ms、TIME#20s_630ms

（2）复杂数据类型　复杂数据类型是一种由其他数据类型组合而成的，或者长度超过32位的数据类型，TIA Portal软件中的复杂数据类型包含String（字符串）、WString（宽字符串）、Array（数组类型）、Struct（结构类型）和UDT（PLC数据类型），复杂数据类型相对较难理解和掌握，以下仅介绍结构类型。

该类型是由不同数据类型组成的复合型数据，通常用来定义一组相关数据。例如电动机的一组数据可以按照如图4-27所示的方式定义，在"DB1"的"名称"栏中输入"Motor"，在"数据类型"栏中输入"Struct"（也可以点击下拉三角选取），之后可创建结构的其他元素，如本例的"Speed"。DB1.Motor.Speed的起始值为98.0。

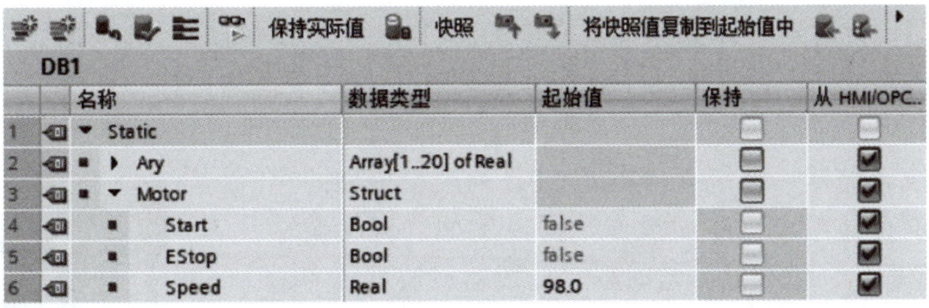

图4-27　创建结构

使用PLC数据类型给编程带来较大的便利性，较为重要，相关内容在后续章节还要介绍。

（3）其他数据类型　对于S7-1200 PLC，除了基本数据类型和复杂数据类型外，还有指针、参数类型、系统数据类型和硬件数据类型等。

【例4-1】请指出以下数据的含义：DINT#58、58、58.0、T#58s、P#M0.0 Byte 10。

【答】

①DINT#58：表示双整数58。

②58：表示整数58。

③58.0：表示浮点数58.0。

④T#58s：表示IEC定时器中定时时间58s。

⑤P#M0.0 Byte 10：表示从MB0开始的10个字节。

【关键点】理解【例4-1】中的数据表示方法至关重要，无论编写程序还是阅读程序都必须掌握。

4.5.2　S7-1200 PLC 的存储区

S7-1200 PLC 的存储区由装载存储器、工作存储器、保持存储器和系统存储器组成。工作存储器类似于计算机的内存条，装载存储器类似于计算机的硬盘。以下分别介绍四种存储器。

S7-1200 PLC 的
数据存储区

（1）装载存储器　装载存储器用于保存逻辑块、数据块和系统数据。下载程序时，用户程序下载到装载存储器。在 PLC 上电时，CPU 把装载存储器中的可执行的部分复制到工作存储器。而 PLC 断电时，需要保存的数据自动保存在装载存储器中。装载存储器是非易失性存储器（断电不丢失数据），相当于计算机的硬盘。S7-1200 CPU 内置了装载存储器，其 SD 卡是非必选件，而 S7-1500 CPU 没有内置装载存储器，其 SD 卡是必选件。

对于 S7-200 SMART/300/400 PLC，符号表、注释和 UDT 不能下载，只保存在编程设备中。而对于 S7-1200/1500 PLC，变量表、注释和 UDT 均可以下载到装载存储器。

（2）工作存储器　工作存储器是集成在 CPU 中的高速存取的 RAM 存储器，是易失性存储器（断电丢失数据），用于存储 CPU 运行时的用户程序和数据，如组织块、功能块等。工作存储器相当于计算的内存，当 CPU 上电后，CPU 先把用户程序中的可执行代码和所需要的数据从装载存储器拷贝到工作存储器，然后才开始执行程序。用模式选择开关复位 CPU 的存储器时，RAM 中程序被清除，但装载存储器中的程序不会被清除。

（3）保持存储器　保持存储器的数据在断电后仍然保持，保持存储器是非易失性存储器。位存储器、定时器、计数器和数据块的属性中有"可保持性"选项，如选中此项，当断电时，数据拷贝到保持存储器中。当系统再次上电，数据从保持存储器拷贝到相应的变量中。

（4）系统存储器　系统存储器是 CPU 为用户提供的存储组件，用于存储用户程序的操作数据，例如过程映像输入、过程映像输出、位存储、定时器、计数器、块堆栈和诊断缓冲区等。系统存储器是易失性存储器。

【关键点】

a. S7-1500 PLC 没有内置装载存储器，必须使用 SD 卡。SD 的外形如图 4-28 所示，此卡为黑色，不能用 S7-300/400 PLC 用的绿色卡替代。此卡不可带电插拔（热插拔）。

图 4-28　S7-1200 PLC 用 SD 卡

　　b. S7-1200 PLC的RAM不可扩展。RAM不够用的明显标志是PLC频繁死机，解决办法是更换RAM更大的PLC（通常是更加高端的CPU模块）。

　　① 过程映像输入区（I）。过程映像输入区与输入端相连，它是专门用来接收PLC外部开关信号的元件。在每次扫描周期的开始，CPU对物理输入点进行采样，并将采样值写入过程映像输入区中。可以按位、字节、字或双字来存取过程映像输入区中的数据，过程映像输入区等效电路如图4-29所示，真实的回路中当按钮SB1的触点闭合，线圈I0.0得电，经过PLC内部电路的转化，梯形图中常开触点I0.0闭合，常闭触点I0.0断开，理解这一点很重要。

　　位格式：I[字节地址].[位地址]，如I0.0。

　　字节、字和双字格式：I[长度][起始字节地址]，如IB0、IW0和ID0。

　　若要存取存储区的某一位（访问一个地址），则必须指定地址，包括存储器标识符、字节地址和位地址。图4-30是一个位表示法的例子。其中，存储器区和字节地址（I代表输入，2代表字节2）用点号（"."）与位地址隔开。

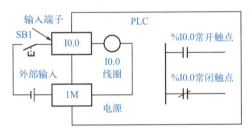

图4-29　过程映像输入区I0.0的等效电路

图4-30　位表示方法

　　② 过程映像输出区（Q）。有的资料称之为输出继电器。过程映像输出区用来将PLC内部信号输出传送给外部负载（用户输出设备）。过程映像输出区线圈由PLC内部程序的指令驱动，其线圈状态传送给输出单元，再由输出单元对应的硬触点来驱动外部负载。

　　过程映像输入和输出区等效电路如图4-31所示。当输入端的SB1按钮闭合（输入端硬件线路组成回路）时，经过PLC内部电路的转化，I0.0线圈得电→梯形图中的I0.0常开触点闭合→梯形图的Q0.0线圈得电自锁→经过PLC内部电路的转化，真实回路中的Q0.0常开触点闭合→外部设备线圈得电（输出端硬件线路组成回路）。当输入端的SB2按钮闭合（输入端硬件线路组成回路）时，经过PLC内部电路的转化，I0.1线圈得电→梯形图中的I0.1常闭

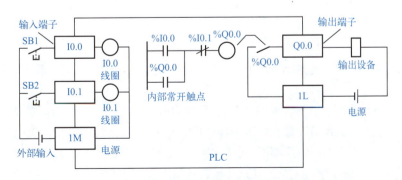

图4-31　过程映像输入和输出区的等效电路

触点断开→梯形图的Q0.0线圈断电→经过PLC内部电路的转化，真实回路中的Q0.0常开触点断开→外部设备线圈断电。理解这一点很重要。

在每次扫描周期的结尾，CPU将过程映像输出区中的数值复制到物理输出点上。可以按位、字节、字或双字来存取过程映像输出区。

位格式：Q[字节地址].[位地址]，如Q1.1。

字节、字和双字格式：Q[长度][起始字节地址]，如QB8、QW8和QD8。

③ 标识位存储区（M）。有的资料称之为辅助继电器。标识位存储区是PLC中数量较多的一种存储区，一般的标识位存储区与继电器控制系统中的中间继电器相似。标识位存储区不能直接驱动外部负载，这点请初学者注意，负载只能由过程映像输出区的外部触点驱动。标识位存储区的常开与常闭触点在PLC内部编程时，可无限次使用。不同型号的PLC中M的数量不同。可以用位存储区来存储中间操作状态和控制信息，并且可以按位、字节、字或双字来存取位存储区。

位格式：M[字节地址].[位地址]，如M2.7。

字节、字和双字格式：M[长度][起始字节地址]，如MB10、MW10和MD10。

I、Q和M存储区及功能见表4-6，关于数据块（DB）、本地数据区（L）、物理输入区和物理输出区，用到时再讲解。

表4-6　存储区及功能

地址存储区	范围	S7符号	举例	功能描述
过程映像输入区	输入（位）	I	I0.0	扫描周期期间，CPU从模块读取输入，并记录该区域中的值
	输入（字节）	IB	IB0	
	输入（字）	IW	IW0	
	输入（双字）	ID	ID0	
过程映像输出区	输出（位）	Q	Q0.0	扫描周期期间，程序计算输出值并将它放入此区域，扫描结束时，CPU发送计算输出值到输出模块
	输出（字节）	QB	QB0	
	输出（字）	QW	QW0	
	输出（双字）	QD	QD0	
标识位存储区	标识位存储区（位）	M	M0.0	用于存储程序的中间计算结果
	标识位存储区（字节）	MB	MB0	
	标识位存储区（字）	MW	MW0	
	标识位存储区（双字）	MD	MD0	

【例4-2】如果QW0的输出控制16盏灯的亮灭，当QW0=2#11时，哪些地址对应的灯是亮的？

【答】QW0包含两个字节QB0和QB1，其中QB0是高字节，QB1是低字节，如图4-32所示，从图中的对应关系可以看到QB0=2#0000_0000=0，而QB0包含Q0.0～Q0.7共8位，所以Q0.0～Q0.7对应的灯都不亮。QB1=2#0000_0011，可知Q1.0=1和Q1.1=1，所以Q1.0和Q1.1对应的灯亮，Q1.2～Q1.7=0，故其对应的灯不亮。

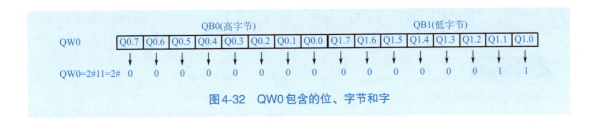

图 4-32　QW0 包含的位、字节和字

4.6 西门子 PLC 编程软件及应用

TIA Portal（博途）软件是西门子推出的，面向工业自动化领域的新一代工程软件平台，常用的主要包括三个部分：SIMATIC STEP 7、SIMATIC WinCC 和 SINAMICS StartDrive。以下用 2 个案例介绍 TIA Portal 软件的使用。

案例 4-1 用离线硬件组态法创建 TIA Portal 项目－电动机点动控制

◀ 任务描述

用离线硬件组态法创建一个 TIA Portal 项目，实现电动机的点动控制，原理图如图 4-33 所示，梯形图如图 4-34 所示。图 4-34 中的 I0.0 是 PLC 的输入映像寄存器，与图 4-33 中的按钮 SB1 关联，SB1 合上，I0.0 常开触点闭合；图 4-34 中的 Q0.0 是 PLC 的输出映像寄存器，Q0.0 高电平时，图 4-31 中的 Q0.0 端子也输出高电平，KA1 线圈得电。

用离线硬件组态法创建 TIA Portal 项目 - 电动机点动控制

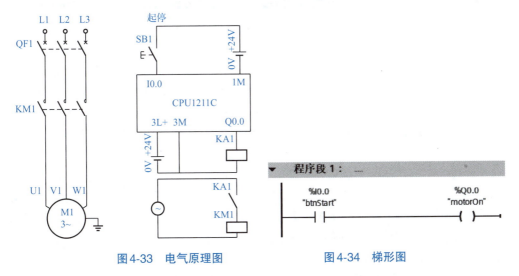

图 4-33　电气原理图　　　　图 4-34　梯形图

当压下 CPU1211C 模块输入端的按钮 SB1 时，信号送入到 PLC 内部，使得梯形图中的常开触点 I0.0 闭合，程序运行的结果是线圈 Q0.0 得电→继电器 KA1 线圈得电→继电器 KA1

常开触点闭合→接触器KM1线圈得电→接触器KM1常开主触点闭合→电动机通电运行。

当弹起CPU1211C模块输入端的按钮SB1时，电动机断电，实现点动控制。

解题步骤

具体创建步骤如下。

（1）新建博途项目　打开TIA Portal软件，如图4-35所示，选中"启动"→"创建新项目"，在"项目名称"中输入新建的项目名称（本例为MyFirstProject），单击"创建"按钮，完成新建项目。

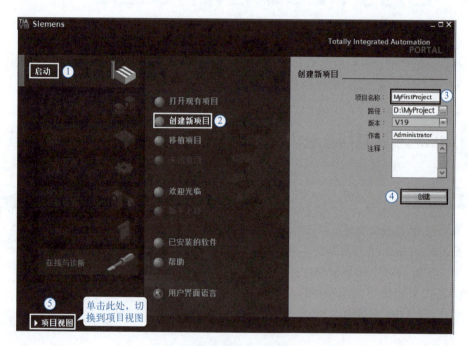

图4-35　新建项目

（2）硬件组态　硬件组态有两种方法，即在线组态和离线组态。先介绍离线组态。在图4-36中，双击"添加新设备"，弹出"添加新设备"对话框，选中"控制器"→"SIAMTIC S7-1200"→"6ES7 211-1AE40-0XB0"（项目中使用的CPU模块的订货号）→"V4.5"（项目中使用的CPU模块的版本号），单击"确定"按钮，弹出如图4-37所示的界面。

说明：限于篇幅，本书的截图，仅保留了核心画面，请读者学习时注意。

【关键点】固件版本号的选择原则是"就低不就高"，意思是组态时选择的版本号（图4-36的序号"5"处）等于或低于实际模块的版本号。例如实际CPU1211C的版本是V4.5，那么组态时，图4-36的标记"5"处，选择的版本是V4.5，或者选择V4.4和V4.3都可以。但不能选V4.6，否则报错。

固件版本是可以升级的，例如S7-1200CPU V4.1可以升级到V4.5。受到CPU模块硬件的限制，有的模块升级到一定版本后就不能再升级了，S7-1200 CPU V3.0就不能升级。

图 4-36　硬件组态

（3）PLC安全设置　TIA Portal V16及之前的版本，不会自动弹出PLC安全设置界面，这项功能的作用是为PLC设置密码，便于保护知识产权。对于初学者，可暂时不设置密码。

如图4-37所示，取消勾选标记"1"处的"√"，单击"下一步"按钮，弹出如图4-38所示的界面，取消勾选标记"1"处的"√"，单击"下一步"按钮，弹出如图4-39所示的界面，选择标记"1"处的"完全访问权限（无任何保护）"选项，单击"完成"按钮。

硬件组态如图4-40所示，从"设备概览"选项卡中可以看出，CPU模块的输入地址范围是I0.0~I0.5，输出地址是Q0.0~Q0.3。原理图4-33和梯形图4-34中的地址I0.0和Q0.0与图4-40是对应的，且必须对应。

（4）程序的输入

① 将符号名称与地址变量关联。如图4-41所示，在项目视图中，选定项目树中的"显示所有变量"，在项目视图的右上方有一个表格，单击"新增"按钮，先在表格的"名称"栏中输入"btnStart"，在"地址"栏中输入"I0.0"，这样变量"btnStart"在寻址时，就代表"I0.0"。用同样的方法将"motorOn"和"Q0.0"关联。变量的命名方法有匈牙利命名法、

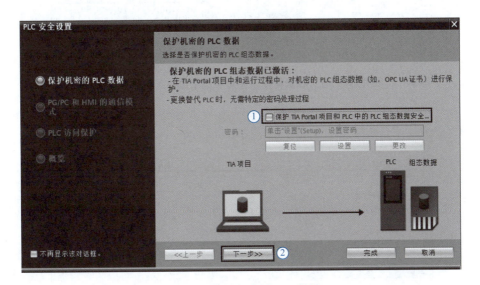

图4-37　保护机密的PLC数据

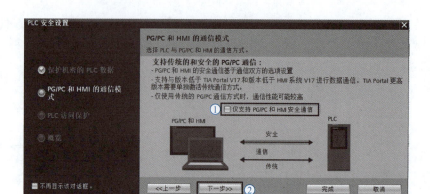

图 4-38 PG/PC 和 HMI 的通信模式

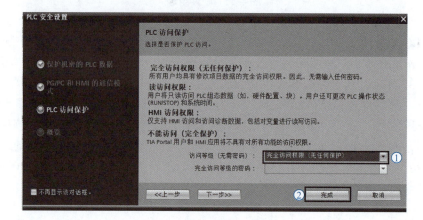

图 4-39 PLC 访问保护

图 4-40 硬件组态-在"设备概览"中查看数字量输入和数字量输出的地址

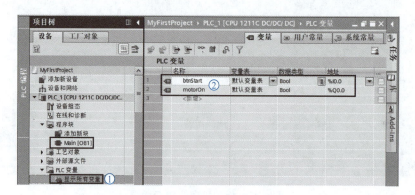

图 4-41 将符号名称与地址变量关联

驼峰命名法和帕斯卡命名法。建议尽量不采用汉字命名变量，而采用驼峰命名法。驼峰命名法就是除第一个单词小写之外，其他单词首字母大写，如"lampOn"。

② 打开主程序。如图 4-42 所示，双击项目树中"Main[OB1]"，打开主程序。

③ 输入触点和线圈。先把常用"收藏夹"中的常开触点和线圈拖放到如图 4-42 所示的位置。

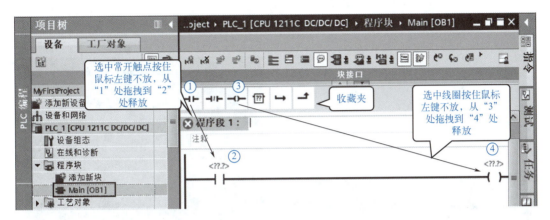

图 4-42 输入梯形图（1）

④ 输入地址。在图 4-42 中的红色问号处输入对应的地址，梯形图的第一行分别输入 I0.0（或 btnStart）和 Q0.0（或 motorOn）。输入完成后，如图 4-43 所示。

⑤ 编译项目。在项目视图中，单击"编译"按钮，编译整个项目，如图 4-43 所示。

⑥ 保存项目。在项目视图中，单击"保存项目"按钮 ▣保存项目，保存整个项目，如图 4-43 所示。

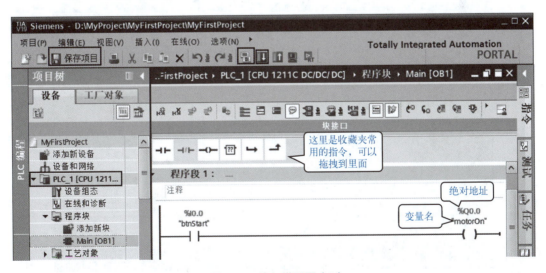

图 4-43 输入梯形图（2）

【关键点】程序或者硬件，编译有错误可以进行保存操作，但不能下载到 PLC 中去。报警告时，程序可以下载。

（5）将程序下载到仿真软件S7-PLCSIM

① 如图4-43所示，在项目视图中，选中"PLC_1"，单击工具栏中的"启动仿真"按钮 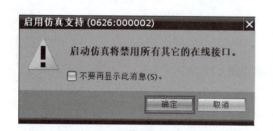，弹出如图4-44所示的选项卡，如勾选了"不要再显示此消息"选项，则下次启用仿真器时，不会弹出此界面，单击"确定"按钮即可。弹出如图4-45所示的仿真器界面。

② 如图4-45所示，选中标记"1"处的"实例"图标 ，若标记"2"处的"电源"图标 为蓝色，则单击此图标，用于建立CPU中程序与仿真器的连接，如为绿色表示CPU与仿真器已经建立了连接，最小化仿真界面，切换到如图4-46所示的界面。

图4-44　启用仿真支持

图4-45　仿真器-实例

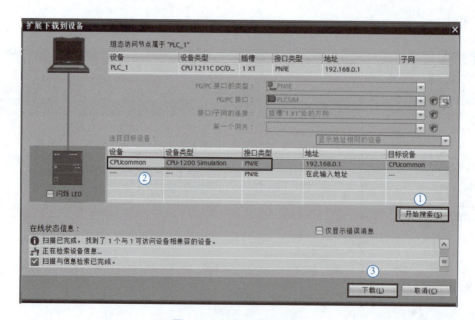

图4-46　扩展下载到设备

③ 如图4-46所示，选中标记"2"处的"CPUcommon"，单击"下载"按钮，弹出如图

4-47所示的界面。单击"连接"按钮,弹出如图4-48所示的界面,单击"是"按钮,弹出如图4-49所示的界面。

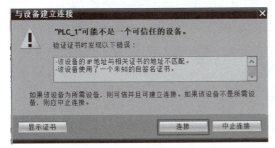

图4-47 与设备建立连接

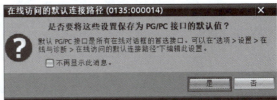

图4-48 在线访问的默认连接路径

④ 如图4-49所示,单击"装载"按钮,弹出如图4-50所示的界面。选择"启动模块"选项,单击"完成"按钮即可。至此,程序已经下载到仿真器中。

图4-49 下载预览

图4-50 下载结果

⑤ 切换到如图4-51所示界面,单击标记"1"处的"仿真"图标▤,单击标记"2"处的"添加仿真表格"图标╋,在标记"1"的右侧出现一个仿真表格,在这个表格中可以输入PLC的地址或变量名。

如图4-52所示,单击标记"1"处的"启动仿真"图标▷,单击标记"2"处输入地址"I0.0"和"Q0.0",地址对应的符号自动弹出来。

图4-51 仿真器-仿真表格

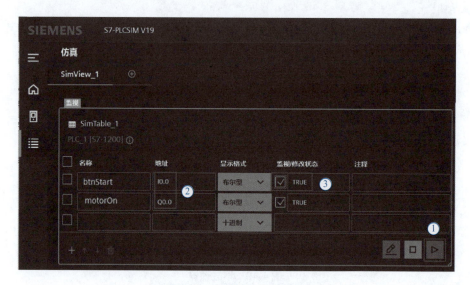

图4-52 仿真器-仿真运行

勾选标记"3"处"I0.0",就是模拟SB1按钮压下,即I0.0为TRUE,梯形图运行结果使得"Q0.0"前面也出现"√",即Q0.0为TRUE,表示电动机已经运行。

当取消勾选标记"3"处"I0.0"时,就是模拟SB1按钮弹起,即I0.0为FALSE,梯形图运行结果使得"Q0.0"前面的"√"消失,即Q0.0为FALSE,表示电动机已经停机。

(6)程序的监视 程序的监视功能在程序的调试和故障诊断过程中很常用。要使用程序的监视功能,必须将程序下载到仿真器或者PLC中。如图4-53所示,先单击项目视图的工具栏中的"转至在线"按钮 转至在线,再单击程序编辑器工具栏中的"启用/停止监视"按钮 ,使得程序处于在线状态。蓝色的虚线表示断开,而绿色的实线表示导通。

【关键点】图4-52仿真器中"I0.0"和"Q0.0"与图4-53梯形图中状态是对应的,即4-52仿真器中"I0.0"和"Q0.0"是TRUE,那么图4-53梯形图的常开触点I0.0是导通的,线圈Q0.0是得电的。

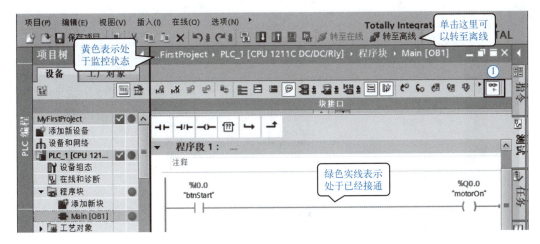

图4-53　程序的监视

案例 4-2　用在线检测法创建TIA Portal项目 – 电动机点动控制

在线检测法创建TIA Portal项目，在工程中很常用，其好处是硬件组态快捷，效率高，而且不必预先知道所有模块的订货号和版本号，但前提是必须有硬件，并处于在线状态。建议初学者尽量采用这种方法。

任务描述

用在线检测法创建一个TIA Portal项目，实现电动机的点动控制，原理图如图4-33所示，梯形图如图4-34所示。

用在线检测法创建
TIA Portal项目 - 电动
机点动控制

解题步骤

（1）在项目视图中新建项目所示，单击工具栏的"新建项目"按钮，弹出如图4-35所示的界面，在"项目名称"中输入新建项目的名称（本例为MyFirstProject），单击"创建"按钮，完成新建项目。

首先打开TIA Portal软件，切换到项目视图，如图4-54

图4-54　新建项目

（2）在线检测设备

① 更新可访问的设备。将计算机的网口和与CPU模块的网口用网线连接，之后保持CPU模块处于通电状态。如图4-55所示，单击"在线访问"→"有线网卡"（不同的计算机可能不同），双击"更新可访问的设备"选项，之后显示所有可访问设备的设备名和IP地址，本例为plc_1[192.168.0.1]，这个地址是很重要的，可根据这个IP地址修改计算机的IP地址，使计算机的IP地址与之在同一网段（即IP地址的前3个字节相同）。

② 修改计算的IP地址。如图4-56所示，在计算机的"网络连接"中，选择有线网卡，单击鼠标右键，弹出快捷菜单，单击"属性"选项，弹出如图4-57所示的界面，按照图进

行设置，最后单击"确定"即可。

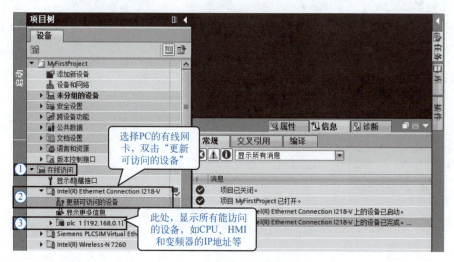

图4-55   更新可访问的设备

图4-56   修改计算的IP地址（1）

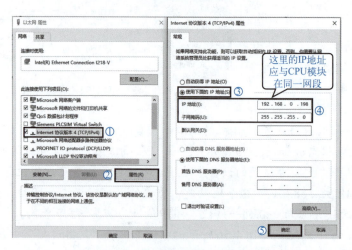

图4-57   修改计算的IP地址（2）

【关键点】要确保计算机的IP地址与搜索的设备的IP地址在同一网段（本例的IP地址为192.168.0.198），且网络中任何设备的IP地址都是唯一的，不能重复。

③ 添加设备。如图4-58所示，双击项目树中的"添加新设备"命令，弹出"添加新设备"对话框，选中"控制器"→"SIMATIC S7-1200"→"CPU"→"Unspecified CPU 1200"（非特定CPU 1200）→"6ES7 2XX-XXXXX-XXXXX"，单击"确定"按钮。弹出如图4-59所示的界面。

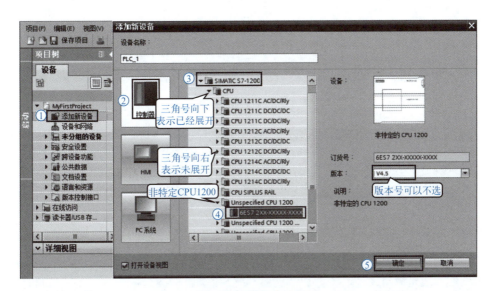

图4-58　添加设备（1）

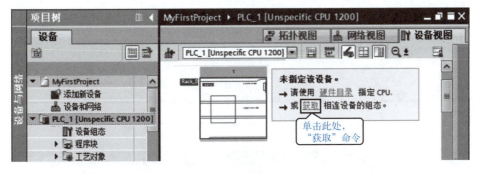

图4-59　添加设备（2）

如图4-59所示，单击"获取"按钮，弹出如图4-60所示的界面。选择读者计算机的有线以太网卡，单击"开始搜索"按钮，选择搜索到的设备"plc_1"，单击"检测"按钮，如图4-61所示。硬件组态全部"检测"到TIA Portal软件中，如图4-62所示。之后弹出PLC安全设置界面，请按照案例4-1第（3）步设置。

【关键点】硬件检测完成后弹出如图4-62所示的界面。可以看到，一次把2个设备都添加完成，而且硬件的订货号和版本号都是匹配的。

（3）将程序下载到CPU模块　程序的输入与案例4-1第（4）步相同，在此不再重复。如图4-63所示，选中要下载的CPU模块（本例为PLC_1），单击"下载到设备"按钮 ，弹出如图4-64所示的界面，单击"开始搜索"按钮，选中搜索的设备"PLC_1"，单击"下载"按钮。

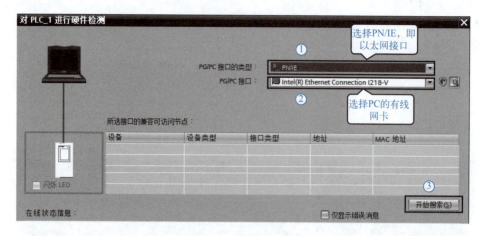

图 4-60　硬件检测（1）

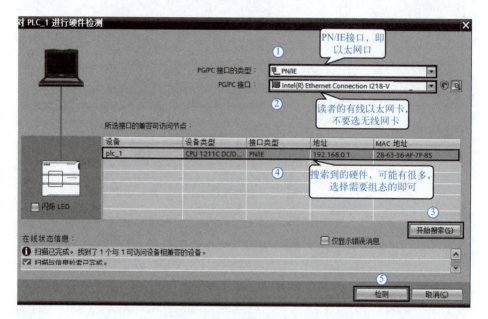

图 4-61　硬件检测（2）

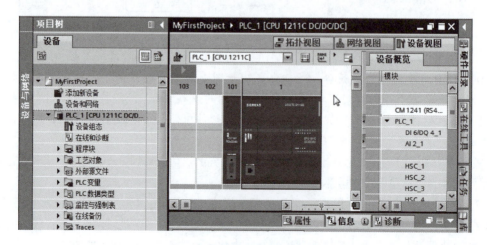

图 4-62　在线添加硬件完成

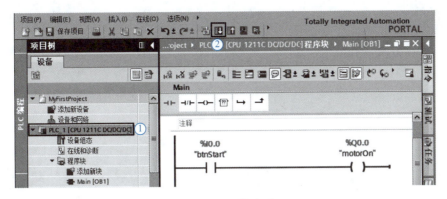

图 4-63 下载（1）

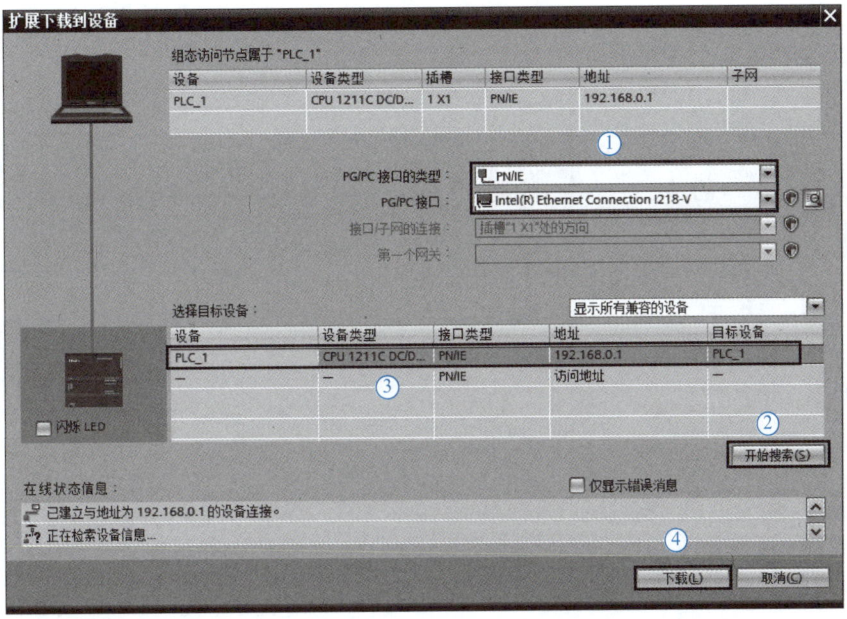

图 4-64 下载（2）

如图 4-65 所示，单击"在不同步的情况下继续"按钮，弹出如图 4-66 所示的界面，单击"装载"按钮，当装载完成后弹出如图 4-67 所示的界面。显示"错误：0"，表示项目下载成功。

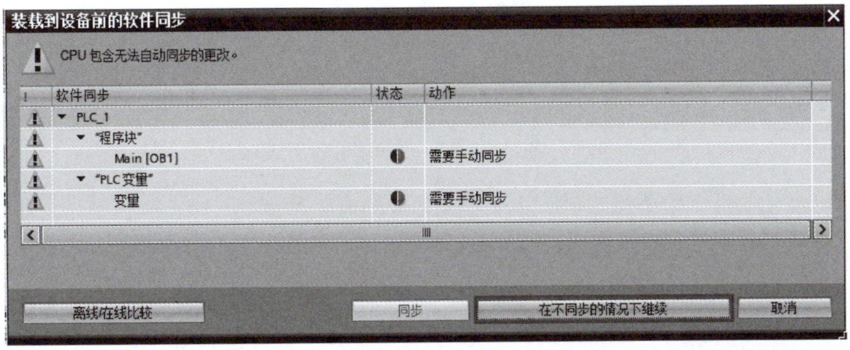

图 4-65 下载（3）

图 4-66　下载（4）

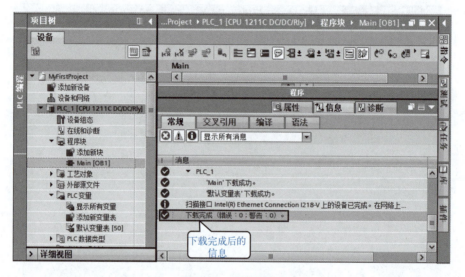

图 4-67　下载完成

程序的监视与案例 4-1 第（6）步相同。

习题4

第5章

S7-1200 PLC的指令及应用

▌学习目标▐

- 掌握S7-1200 PLC的位逻辑指令及其应用。
- 掌握S7-1200 PLC的定时器和计数器指令及其应用。
- 掌握S7-1200 PLC的传送指令、比较指令、转换指令及其应用。
- 掌握S7-1200 PLC的数学函数指令、移位和循环指令及其应用。

5.1 S7-1200 PLC的编程基础知识

5.1.1 全局变量与区域变量

（1）全局变量　全局变量可以在CPU的整个范围内被所有的程序块调用，例如在OB（组织块）、FC（函数）和FB（函数块）中使用，在某一个程序块中赋值后，可以在其他的程序块中读出，没有使用限制。全局变量的地址包括I、Q、M、T、C、DB、I:P和Q:P等数据区。

例如"btnStart"的地址是I0.0，在同一台S7-1200的组织块OB1、函数FC1等中，"btnStart"都代表同一地址I0.0。全局变量用双引号引用。

（2）区域变量　也称为局部变量。区域变量只能在所属块（OB、FC和FB）范围内调用，在程序块调用时有效，程序块调用完成后被释放，所以不能被其他程序块调用，本地数据区（L）中的变量为区域变量，例如每个程序块中的临时变量都属于区域变量。这个概念和计算机高级语言VB、C语言中的局部变量概念相同。

例如#btnStart的地址是L10.0，#btnStart在同一台S7-1200的组织块OB1和函数FC1中不是同一地址。区域变量前面加前缀#。

5.1.2 编程语言

（1）PLC编程语言的标准　IEC 61131-3:2003（Programmable controllers Part 3:Programming languages，可编程程序控制器第3部分：编程语言，国家标准GB/T 15969.3-2017等同该标准）定义了5种编程语言，分别是指令表（instruction list，IL）、结构文本（structured text，ST）、梯形图（ladder diagram，LAD）、功能块图（function block diagram，FBD）和顺序功能图（sequential function chart，SFC）。

2019年IEC和美国著名网站 Automation.com 做了一个调研，排名前四的语言是：结构文本、梯形图、功能块图和顺序功能图。

（2）TIA Portal 软件中的编程语言　TIA Portal 软件中有梯形图、语句表、功能块图、结构控制语言（SCL）和 Graph 共5种基本编程语言。以下简要介绍。

① S7-Graph。TIA Portal 软件中的 Graph 实际就是顺序功能图，S7-Graph 是针对顺序控制系统进行编程的图形编程语言，特别适合顺序控制程序编写。S7-300/400/1500 支持 S7-Graph。使用这种语言的人越来越多。

② 梯形图（LD，西门子称 LAD）。梯形图直观易懂，适合于数字量逻辑控制。梯形图适合于熟悉继电器电路的人员使用。设计复杂的触点电路时适合用梯形图，其应用广泛。

③ 指令表（IL，西门子称 STL，语句表）。语句表的功能比梯形图或功能块图的功能强。语句表可供擅长用汇编语言编程的用户使用。语句表输入快，可以在每条语句后面加上注释。语句表有被淘汰的趋势。S7-200 SMART/300/400/1500 支持 STL。

④ 功能块图（FBD）。"LOGO！"系列微型 PLC 使用功能块图编程。功能块图适合于熟悉数字电路的人员使用。功能块图与梯形图可以在程序中相互切换。

⑤ 结构文本（ST，西门子称 SCL）。TIA Portal 软件中的 SCL（结构化控制语言）实际就是 ST（结构文本），它符合 IEC 61131-3 标准。SCL 适合于复杂的公式计算、复杂的计算任务、最优化算法或大量数据的管理等。SCL 编程语言适合熟悉高级编程语言（例如 PASCAL 或 C 语言）的人员使用。SCL 编程语言的使用将越来越广泛。

在 TIA Portal 软件中，如果程序块没有错误，并且被正确地划分为网络，则梯形图和功能块图之间可以相互转换，但梯形图和语句表不可相互转换。注意：在经典 STEP 7 中梯形图、功能块图、语句表之间可以相互转换。S7-1200 不支持 S7-Graph 和 STL。

5.2　位逻辑运算指令

位逻辑指令用于二进制数的逻辑运算。位逻辑运算的结果简称为 RLO。

位逻辑指令是最常用的指令之一，主要有置位运算指令、复位运算指令和线圈指令等。

5.2.1　触点、线圈指令及其相关逻辑

在梯形图中，最常见的是常开触点、常闭触点和线圈等，以下详细介绍触点和线圈指令及其相关逻辑。

（1）触点与线圈指令

① 常开触点。在梯形图中常开触点为"⊣ ⊢"，触点上方的"IN"是操作数，常开触点是否导通，取决于操作数"IN"的状态。当"IN"的状态为1，则常开触点导通，当"IN"的状态为0，则常开触点断开。

② 常闭触点。在梯形图中常闭触点为"⊣/⊢"，触点上方的"IN"是操作数，常闭触点是否导通，取决于操作数"IN"的状态。当"IN"的状态为0，则常闭触点导通，当"IN"的状态为1，则常闭触点断开。

③ 线圈。在梯形图中线圈为"⊣( )⊢"，线圈上方的"OUT"是操作数，可以用线圈指令对操作数"OUT"进行赋值。如果线圈的输入逻辑运算结果（RLO）的状态为1，则将

操作数"OUT"赋值为1，否则将操作数"OUT"赋值为0。如图5-1所示，当"btnStart"为1时，常开触点闭合，线圈"motorOn"的输入逻辑运算结果（RLO）的状态为1，所以"motorOn"被赋值为1；当"btnStop"为1时，常闭触点断开，线圈"lampOn"的输入逻辑运算结果（RLO）的状态为0，所以"lampOn"被赋值为0。

④ 取反RLO。在梯形图中取反RLO为"$\dashv$ NOT $\vdash$"，无操作数。其功能是对逻辑运算结果RLO取反。

取反RLO指令示例如图5-2所示，当I0.0常开触点闭合时，其逻辑运算结果为1，取反后Q0.0赋值为0，反之当I0.0常开触点断开时，其逻辑运算结果为0，取反后Q0.0赋值为1。

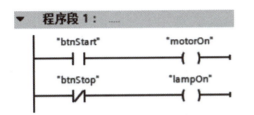

图5-1　常开触点、常闭触点和线圈指令的梯形图

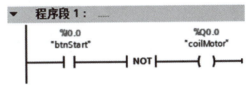

图5-2　取反RLO指令示例

⑤ 线圈取反。在梯形图中线圈取反为"$\dashv$OUT/$\vdash$"，线圈取反上方的"OUT"是操作数，可以用线圈取反指令对操作数"OUT"进行取反赋值。如果线圈的输入逻辑运算结果（RLO）的状态为1，则将操作数"OUT"赋值为0，否则将操作数"OUT"赋值为1。

（2）触点的串联与并联的典型应用

① 触点的串联。如图5-3所示，M10.0常开触点和M10.0的常闭触点串联，所以M10.0线圈不会得电，所以M10.0常闭触点一直处于闭合状态，所以M10.2线圈一直得电。这个程序的M10.0常闭触点，可以取代一直导通的特殊寄存器使用。

② 触点的并联。如图5-4所示，第一个扫描周期，M10.0的常闭触点闭合，M10.0线圈得电自锁，M10.0常开触点闭合，然后M10.0常开触点一直闭合，所以M10.2线圈一直得电。这个程序的M10.0常开触点，可以取代一直导通的特殊寄存器使用。

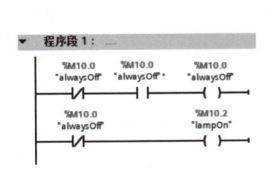

图5-3　触点的串联示例

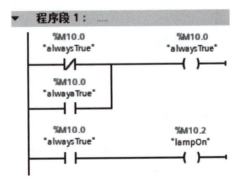

图5-4　触点的并联示例（1）

如图5-5所示，第一个扫描周期时，M10.0的常闭触点闭合，M10.2线圈得电。之后M10.0线圈得电自锁。第二个及以后的扫描周期，M10.0常闭触点一直断开，所以M10.0的常闭触点只接通了一个扫描周期。这个程序的M10.0常闭触点，可以取代首次扫描导通的特

殊寄存器使用，常用于初始化。

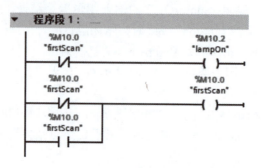

图5-5　触点的并联示例（2）

【关键点】梯形图中，双线圈输出虽无语法错误，但不被允许。所谓双线圈输出就是同一线圈在梯形图中出现不少于2处，如图5-6所示Q0.0出现了2次，是错误的，修改成如图5-7才正确。

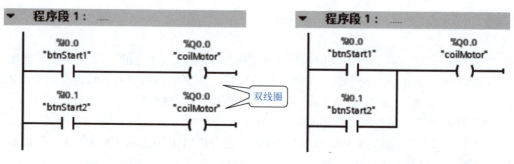

图5-6　双线圈输出的梯形图-错误　　　　图5-7　修改后的梯形图-正确

案例 5-1　三相异步电动机起停运行PLC控制

任务描述

用 S7-1200 PLC控制三相异步电动机，实现电动机的起停控制（连续运行），原理图如图5-8所示，要求编写梯形图程序。

三相异步电动机起停运行PLC控制（数字孪生虚拟调试）

解题步骤

如图5-8所示，为了安全起见，停止按钮SB2接常闭触点。接触器的线圈通常由中间继电器驱动，不能直接连接到CPU1211C的输出端（Q0.0处），因为接触器直接连接在PLC的输出端，容易烧毁PLC的输出点。设计梯形图如图5-9所示。

硬件组态如图5-10所示（组态过程参考4.6），选中"设备概览"选项卡，可以看出，CPU模块的输入地址范围是I0.0～I0.5，输出地址是Q0.0～Q0.3，再配合图5-8的原理图，由于图5-8中的停止按钮SB2接常闭触点，所以在没有压下停止按钮时，梯形图中的I0.1的常开触点是闭合的，理解这一点很关键。图5-8中的起动按钮SB1接常开触点，当压下起

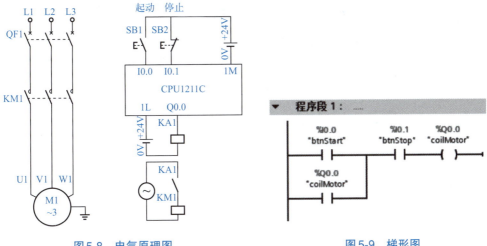

图 5-8　电气原理图　　　　　　　　　　图 5-9　梯形图

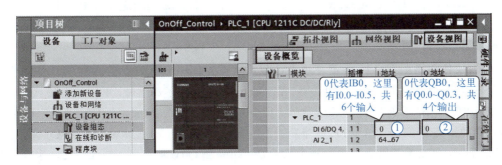

图 5-10　硬件组态

动按钮SB1时，梯形图中的常开触点I0.0闭合。此时，梯形图中的常开触点I0.0和I0.1都导通→线圈Q0.0得电→Q0.0的常开触点导通自锁→Q0.0线圈持续得电→线圈KA1得电→KA1常开触点闭合→KM1线圈得电→KM1的主触点闭合→电动机通电运行。

当压下停止按钮SB2时，梯形图中常开触点I0.1断开→线圈Q0.0断电→Q0.0的常开触点断开→线圈KA1断电→KA1常开触点断开→KM1线圈断电→KM1的主触点断开→电动机停止运行。

【关键点】读者应建立一个概念：电气原理图、硬件组态和程序中的地址应该是对应的。这很重要。如果将图5-10的标记"1"处的"0"修改为"1"，则图5-9中程序的地址I0.0随之应修改为I1.0，地址I0.1应修改为I1.1。

案例 5-2　三相异步电动机的多地起动和多地停止运行PLC控制

任务描述

用S7-1200 PLC控制三相异步电动机，实现电动机的多地停止控制（原理图如图5-11所示）和多地起动控制（原理图如图5-12所示），要求编写梯形图程序。

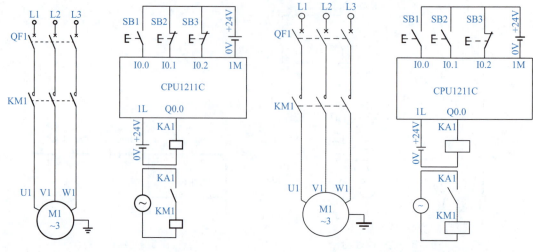

图 5-11　多地停止电气原理图　　　　图 5-12　多地起动电气原理图

<blockquote>解题步骤</blockquote>

　　本例硬件组态如图 5-10 所示（组态过程参考 4.6），梯形图如图 5-13 所示，当常开触点 I0.0（SB1 压下时，I0.0 常开触点闭合）、常开触点 I0.1（SB2 不压下时，I0.1 常开触点闭合）和常开触点 I0.2（SB3 不压下时，I0.2 常开触点闭合）同时接通时，输出线圈 Q0.0 得电（Q0.0＝1）自锁，电动机起动运行，I0.1 和 I0.2 是串联关系。当 I0.1（SB2 压下时，I0.0 常开触点断开）和 I0.2（SB3 压下时，I0.2 常开触点断开）一个或两个断开，则 Q0.0 断电，电动机停机。这是典型的实现多地停止功能的梯形图。注意：图 5-11 硬接线回路中停止按钮 SB2 和 SB3 接常闭触点。

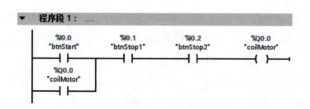

图 5-13　多地停止梯形图

　　本例硬件组态如图 5-10 所示，梯形图如图 5-14 所示，当常开触点 I0.0（SB1 压下时，I0.0 常开触点闭合）、常开触点 I0.1（SB2 压下时，I0.1 常开触点闭合）和常开触点 Q0.0 有一个或多个接通时，输出线圈 Q0.0 得电（Q0.0＝1），I0.0、I0.1 和 Q0.0 是并联关系。这是典型的实现多地起动功能的梯形图。注意：图 5-12 硬接线回路中停止按钮 SB3 接常闭触点。

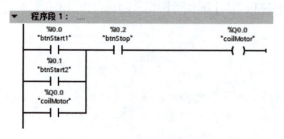

图 5-14　多地起动梯形图

5.2.2　复位、置位、复位位域和置位位域指令

复位、置位、复位位域和置位位域指令及其应用

1）复位与置位指令

S：置位指令将指定的地址位置位，即变为1，并保持。

R：复位指令将指定的地址位复位，即变为0，并保持。

如图5-15所示为置位/复位指令应用实例，当I0.0接通时，Q0.0置位，然后，即使I0.0断开，Q0.0仍然保持为1，直到I0.1接通时，Q0.0复位。这两条指令非常有用。图5-15的右侧是时序图，后续章节有的例子会用到时序图。

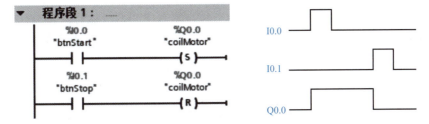

图5-15　置位/复位指令示例

注意：置位/复位指令不一定要成对使用。

2）SET_BF位域/RESET_BF位域

SET_BF："置位位域"指令，对从某个特定地址开始的多个位进行置位。

RESET_BF："复位位域"指令，对从某个特定地址开始的多个位进行复位。

置位位域和复位位域应用如图5-16所示，当常开触点I0.0接通时，从Q0.0开始的3个位（即Q0.0～Q0.2）置位，而当常开触点I0.1接通时，从Q0.0开始的3个位（即Q0.0～Q0.2）复位。这两条指令很有用。

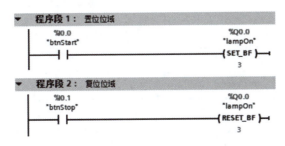

图5-16　置位位域和复位位域应用

案例 5-3　　三相异步电动机正反转运行PLC控制

◀ 任务描述

用S7-1200 PLC控制三相异步电动机，实现电动机"正转—停—反转"控制，要求设计电气原理图，并用置位/复位指令编写梯形图程序。

◀ **解题步骤**

电气原理图与梯形图如图5-17所示，基于安全原因，停止按钮SB3接常闭触点。

硬件组态如图5-10所示（组态过程参考4.6）。

使用置位/复位指令后，不需要用自锁，程序变得更加简洁，程序解读如下。

程序段1：当电动机不处于反转状态（Q0.1常闭触点接通）时，此时压下SB1按钮→I0.0常开触点接通→Q0.0线圈置位→电动机正转。

程序段2：当电动机不处于正转状态（Q0.0常闭触点接通）时，此时压下SB2按钮→I0.1常开触点接通→Q0.1线圈置位→电动机反转。

程序段3：由于停止按钮SB3接常闭触点，当不压下SB3按钮时，按钮处于接通状态，因此梯形图中I0.2的常闭触点是断开的，当SB3压下时，I0.2的常闭触点接通，Q0.0和Q0.1同时复位，电动机停机。

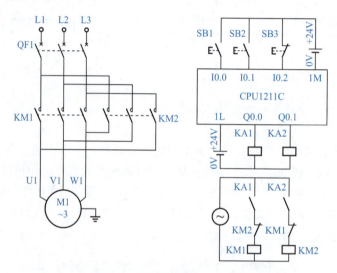

(a) 电气原理图

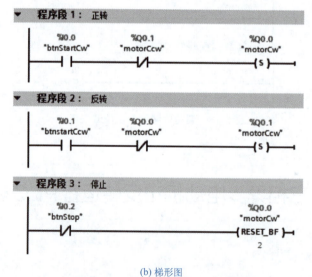

(b) 梯形图

图5-17 "正转—停—反转"原理图与梯形图

【关键点】
① 如图5-18所示，使用置位和复位指令时Q0.0的线圈允许出现2次或多次，不是双线圈输出。
② 读者应建立一个概念：任何PLC程序必须和原理图对应。

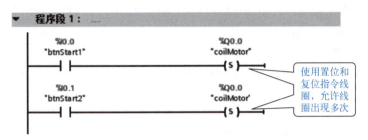

图 5-18　梯形图

5.2.3　RS/SR触发器指令

（1）RS：置位优先触发器　S1为置位端子，单独接通，Q输出为1；R 为复位端子，单独接通，Q输出为0。

RS/SR 触发器指令及其应用

输入S1的优先级高于输入R。当输入R和S1的信号状态均为"1"时，将指定操作数的信号状态置位为"1"。

如果输入R和S1的信号状态都为"0"，则不会执行该指令。因此操作数的信号状态保持不变。置位优先指令和参数见表5-1。

表 5-1　置位优先指令和参数

LAD	参数	数据类型	功能说明	说明
RS -R　Q -S1	S1	BOOL	使能置位	1.只要S1接通时，Q输出高电平
	R	BOOL	使能复位	2.S1断开，R接通时，Q输出低电平
	Q	BOOL	操作数的信号状态	3.S1、R都断开，Q输出保持以前的状态

（2）SR：复位优先触发器　S为置位端子，单独接通，Q输出为1；R1为复位端子，单独接通，Q输出为0。

输入R1的优先级高于输入S。当输入R1和S的信号状态均为"1"时，将指定操作数的信号状态复位为"0"。

如果输入R1和S的信号状态都为"0"，则不会执行该指令。因此操作数的信号状态保持不变。复位优先指令和参数见表5-2。

表 5-2　复位优先指令和参数

LAD	参数	数据类型	功能说明	说明
SR -S　Q -R1	S	BOOL	使能置位	1.R1断开，S接通时，Q输出高电平
	R1	BOOL	使能复位	2.只要R1接通时，Q输出低电平
	Q	BOOL	操作数的信号状态	3.S、R1都断开，Q输出保持以前的状态

RS /SR双稳态触发器示例如图5-19所示，程序解读如下。

程序段1：SR指令是复位优先指令。当I0.0常开触点闭合，Q0.0线圈置位输出，即一直为1；当I0.1常开触点闭合，Q0.0线圈复位输出，即一直为0；当I0.0和I0.1常开触点都闭合时，复位优先，Q0.0线圈复位输出；当I0.0和I0.1常开触点都断开时，Q0.0线圈保持以前的状态。

程序段2：RS指令是置位优先指令。当I0.3常开触点闭合，Q0.1线圈置位输出，即一直为1；当I0.2常开触点闭合，Q0.1线圈复位输出，即一直为0；当I0.2和I0.3常开触点都闭合时，置位优先，Q0.1线圈置位输出；当I0.2和I0.3常开触点都断开时，Q0.1线圈保持以前的状态。

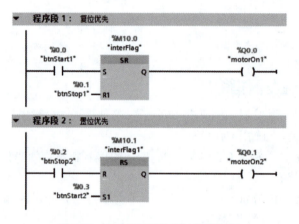

图5-19　RS /SR双稳态触发器示例

上升沿和下降沿指令及其应用

5.2.4　上升沿和下降沿指令

上升沿和下降沿指令有扫描操作数的信号上升沿和扫描操作数的信号下降沿的作用。

（1）上升沿指令　"操作数1"的信号状态如从"0"变为"1"，则RLO=1保持一个扫描周期。该指令将比较当前信号状态（保存在"操作数1"中）与上一次扫描的信号状态（保存在"操作数2"中）。如果该指令检测到逻辑运算结果（RLO）从"0"变为"1"，则说明出现了一个上升沿。

上升沿示例的梯形图和时序图如图5-20所示，当与I0.0关联的按钮压下时，产生一个上升沿，输出Q0.0得电一个扫描周期，无论按钮闭合多长的时间，输出Q0.0只得电一个扫描周期。以下详细解读。

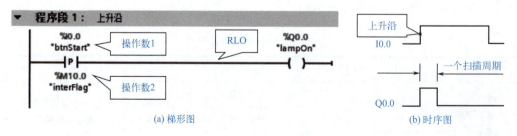

图5-20　上升沿示例

当没有压下按钮时，第一操作数I0.0和第二操作数M10.0都是0，不会产生上升沿；当压下按钮的第一个扫描周期，I0.0状态为1，而M10.0中存储的是上一扫描周期的按钮状态0，状态从0到1，所以产生上升沿；按钮压下后（未弹起），从第二扫描周期起，I0.0和M10.0状态均为1，不会产生上升沿。

（2）下降沿指令　"操作数1"的信号状态如从"1"变为"0"，则RLO=1保持一个扫描周期。该指令将比较当前信号状态（保存在"操作数1"中）与上一次扫描的信号状态（保存在"操作数2"中）。如果该指令检测到逻辑运算结果（RLO）从"1"变为"0"，则说明出现了一个下降沿。

下降沿示例的梯形图和时序图如图5-21所示，当与I0.0关联的按钮按下后弹起时，产生一个下降沿，输出Q0.0得电一个扫描周期，这个时间是很短的。以下详细解读。

当压下按钮超过一个扫描周期未弹起时，第一操作数I0.0和第二操作数M10.0都是1，不会产生下降沿；当按钮弹起的第一个扫描周期，I0.0状态为0，而M10.0中存储的是上一扫描周期的按钮状态1，状态从1到0，所以产生下降沿；按钮弹起，从第二扫描周期起，I0.0和M10.0状态均为0，不会产生下降沿。

在后面的章节中多处用到时序图，请读者务必掌握这种表达方式。

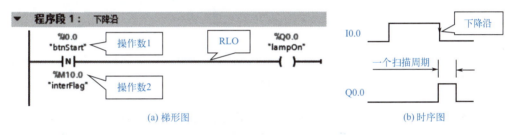

(a) 梯形图　　　　　　　　　　　　　(b) 时序图

图5-21　下降沿示例

【例5-1】梯形图如图5-22所示，如果与I0.0关联的按钮压下1s后弹起，请分析程序运行结果。

【答】时序图如图5-23所示，当与I0.0关联的按钮压下时，产生上升沿，触点接通一个扫描周期的时间，驱动输出线圈Q0.1通电一个扫描周期，同时使输出线圈Q0.0置位，并保持。

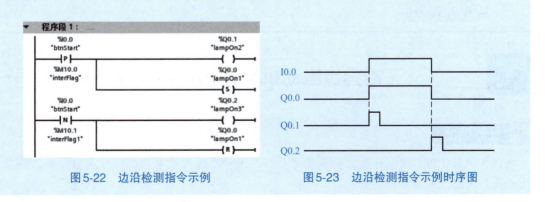

图5-22　边沿检测指令示例　　　　　　　图5-23　边沿检测指令示例时序图

> 当与I0.0关联的按钮弹起时，产生下降沿，触点接通一个扫描周期的时间，驱动输出线圈Q0.2通电一个扫描周期，使输出线圈Q0.0复位，并保持，Q0.0得电共1s。

【关键点】上升沿和下降沿指令的第二操作数，在程序中不可重复使用，否则会出错，如图5-24中，上升沿的第二操作数M10.0在标记"1""2"和标记"3"处，使用了三次，虽无语法错误，但程序逻辑是错误的。

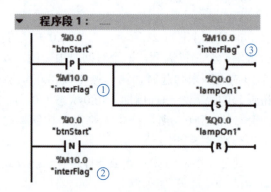

图5-24　第二操作数重复使用

前述的上升沿指令和下降沿指令没有对应的SCL指令。以下介绍的检测信号上升沿指令（R_TRIG）和检测信号下降沿指令（F_TRIG），其梯形图指令含义见表5-3。

表5-3　检测信号上升沿指令（R_TRIG）和检测信号下降沿指令（F_TRIG）的LAD指令含义

LAD	功能说明	说明
"R_TRIG_DB" R_TRIG EN ENO CLK Q	检测信号上升沿指令	在信号上升沿置位变量
"F_TRIG_DB_1" F_TRIG EN ENO CLK Q	检测信号下降沿指令	在信号下降沿置位变量

 案例 5-4 ——— 三相异步电动机点动运行PLC控制 ———

◀ 任务描述

用S7-1200 PLC控制一台三相异步电动机，用一个按钮对电动机进行点动控制，要求设计电气原理图，并编写控制程序。

解题步骤

设计电气原理图如图5-25所示，KA1是中间继电器，起隔离和信号放大作用，KM1是接触器，KA1触点的通断控制KM1线圈的得电和断电，从而驱动电动机的起停。

硬件组态如图5-10所示（组态过程参考4.6）。

（1）方法1　编写点动程序有多种方法，最简单的点动梯形图程序如图4-34所示。

（2）方法2　使用上升沿指令（P）和下降沿指令（N），梯形图程序如图5-26所示。当SB1按钮压下，I0.0常开触点闭合产生上升沿，Q0.0置位，电动机运行；当SB1按钮弹起，I0.0常开触点断开产生下降沿，Q0.0复位，电动机停机，实现点动功能。这个梯形图虽复杂，但有的场合也会使用。

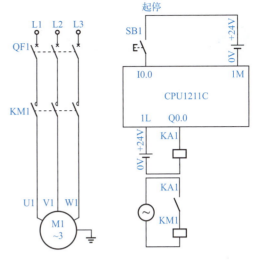

图 5-25　电气原理图

（3）方法3　使用检测信号上升沿指令（R_TRIG）和检测信号下降沿指令（F_TRIG），梯形图程序如图5-27所示。

① 当I0.0常开触点闭合时，产生上升沿，M10.0得电一个扫描周期，M10.0常开触点闭合，Q0.0置位得电。

② 当I0.0常开触点断开时，产生下降沿，M10.1得电一个扫描周期，M10.1常开触点闭合，Q0.0复位断电，实现点动功能。在SCL中，没有P、N指令，需要上升沿和下降沿时，可以用这2条指令。

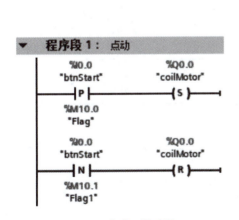

图 5-26　方法2梯形图

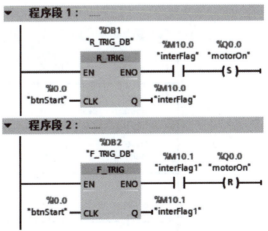

图 5-27　方法3梯形图

137

案例 5-5 —三相异步电动机单键起停运行PLC控制（1）—

任务描述

用S7-1200 PLC控制一台三相异步电动机，实现用一个按钮对电动机进行起停控制，即单键起停控制（也称乒乓控制），要求设计电气原理图，并编写控制程序。

解题步骤

设计电气原理图，如图5-25所示。

三相异步电动机单键起停控制的程序设计有很多方法，以下介绍4种常用的方法。

硬件组态如图5-10所示（组态过程参考4.6）。

（1）方法1　梯形图程序如图5-28所示。这个梯形图没用到上升沿指令。

①当按钮SB1不压下时，I0.0的常闭触点闭合，M10.1线圈得电，M10.1常开触点闭合。

②当按钮SB1第一次压下时，第一次扫描周期里，I0.0的常开触点闭合，M10.0线圈得电，M10.0常开触点闭合，Q0.0线圈得电，电动机起动。第二扫描周期之后，M10.1线圈断电，M10.1常开触点断开，M10.0线圈断电，M10.0常闭触点闭合，Q0.0线圈自锁，电动机持续运行。

按钮弹起后，SB1的常开触点断开，I0.0的常闭触点闭合，M10.1线圈得电，M10.1常开触点闭合。

③当按钮SB1第二次压下时，I0.0的常开触点闭合，M10.0线圈得电，M10.0常闭触点断开，Q0.0线圈断电，电动机停机。

【关键点】在经典STEP7中，图5-28所示的梯形图需要编写在三个程序段中。

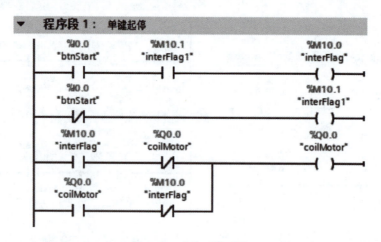

图5-28　方法1梯形图

（2）方法2　梯形图如图5-29所示。

①当按钮SB1第一次压下时，M10.0的线圈得电一个扫描周期，其常开触点导通一个

扫描周期，使得 Q0.0 线圈得电一个扫描周期，电动机起动运行。当下一次扫描周期到达，M10.0 常闭触点闭合，Q0.0 常开触点闭合自锁，Q0.0 线圈得电自锁，电动机持续运行。

② 当按钮 SB1 第二次压下时，M10.0 线圈得电一个扫描周期，使得 M10.0 常闭触点断开，Q0.0 线圈断电，电动机停机。

（3）方法 3　梯形图如图 5-30 所示，可见使用 SR 触发器指令后，不需要用自锁功能，程序变得十分简洁。

①当未压下按钮 SB1 时，Q0.0 常开触点断开，当第一次压下按钮 SB1 时，S 端子高电平，R1 端子低电平，Q0.0 线圈得电，电动机起动运行，Q0.0 常开触点闭合。

②当第二次压下按钮 SB1 时，Q0.0 常开触点闭合，Q0.0 常闭触点断开，R1 端子高电平，所以 Q0.0 线圈断电，电动机停机。

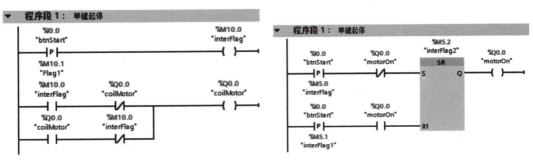

图 5-29　方法 2 梯形图　　　　　　　　图 5-30　方法 3 梯形图

（4）方法 4　这个题目还有另一种类似解法，就是用 RS 触发器指令，梯形图如图 5-31 所示。

① 当第一次压下按钮 SB1 时，Q0.0 常开触点断开，Q0.0 常闭触点闭合，S1 高电平，所以 Q0.0 线圈得电，电动机起动运行，Q0.0 常闭触点断开，Q0.0 常开触点闭合。

② 当第二次压下按钮 SB1 时，R 端子高电平，S1 端子低电平，所以 Q0.0 线圈断电，电动机停机。

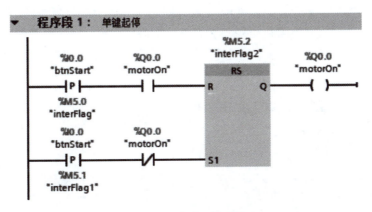

图 5-31　方法 4 梯形图

5.3　定时器指令

定时器主要起延时（定时）作用，S7-1500 PLC支持S7定时器和IEC定时器，S7-1200 PLC只支持IEC定时器。IEC定时器集成在CPU的操作系统中，S7-1200 PLC有以下定时器：脉冲定时器（TP）、通电延时定时器（TON）、时间累加器（TONR）和断电延时定时器（TOF）。

5.3.1　通电延时定时器（TON）

当输入端IN接通，定时器定时开始，连续接通时间超出预置时间PT之后，即定时时间到，输出Q的信号状态将变为"1"，任何时候IN断开，输出Q的信号状态将变为"0"。通电延时定时器（TON）有线框指令和线圈指令，以下分别讲解。

定时器及其应用 - 气炮的PLC控制

（1）通电延时定时器（TON）线框指令　通电延时定时器（TON）的参数见表5-4。

表5-4　通电延时定时器指令和参数

LAD	参数	数据类型	说明
TON Time — IN　Q — PT　ET	IN	BOOL	起动定时器
	Q	BOOL	超过时间 PT 后，置位的输出
	PT	Time	定时时间
	ET	Time	当前时间值

以下用一个例子介绍通电延时定时器的应用。

【例5-2】当I0.0常开触点闭合，3s后电动机起动，请设计控制程序。

【答】先插入IEC定时器TON指令，弹出如图5-32所示界面，单击"确定"按钮，分配数据块，这是自动生成数据块的方法，相对比较简单。再编写程序如图5-33所示。当I0.0常开触点闭合时，起动定时器，T#3s是定时时间，I0.0常开触点持续闭合3s后Q0.0为1，电动机起动，MD10中是定时器定时的当前时间。当I0.0常开触点断开时，定时器的Q输出为0，电动机停机。这是电动机延时起动的例子，假如I0.0常开触点接通10s，则电动机只运行7s。

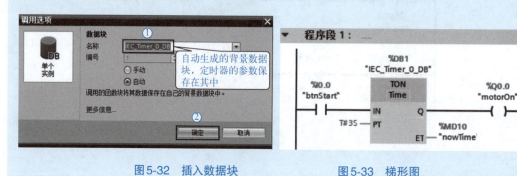

图5-32　插入数据块　　　　　　　　图5-33　梯形图

（2）通电延时定时器（TON）线圈指令　通电延时定时器（TON）线圈指令与线框指令类似，但没有SCL指令，以下仅用【例5-2】介绍其用法。

【答】先创建数据块DB_Timer，即定时器的背景数据块。如图5-34所示，双击"添加新块"，弹出"添加新块"对话框，选中"DB"，将数据块的名称修改为"DB_Timer"，单击"确定"按钮。在弹出的数据块中，创建变量T0、T1，注意其数据类型为"IEC_TIMER"，如图5-35所示。最后单击图5-34中的"编译"按钮，完成数据块的创建。编写程序如图5-36所示。

图5-34　创建数据块"DB_Timer"（1）

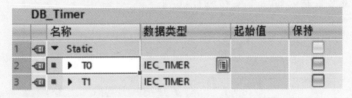

图5-35　创建数据块"DB_Timer"（2）

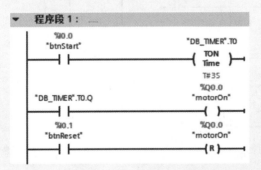

图5-36　梯形图

案例
5-6 ———————— 传送带节能运行控制 ————————

案例描述

用 S7-1200 PLC控制一条传送带，如图 5-37 所示，当有物料流经过传感器，传送带起动运行，3秒内没有物料经过，传送带停机，起到节能的效果。

图 5-37　传送带运行示意图

解题步骤

① 设计电气原理图，如图 5-38 所示。

② 硬件组态，如图 5-10 所示。

③ 先创建数据块DB1，创建方法参考图 5-35，编写控制梯形图如图 5-39 所示。当压下图 5-38 的起动按钮SB1，梯形图中I0.0常开触点闭合，线圈M10.0得电自锁，M10.0的常开触点闭合。当有物料通过时，接近开关（传感器）SQ1检测到物料，其对应的常开触点I0.2闭合，Q0.0线圈得电自锁，传送带起动运行。

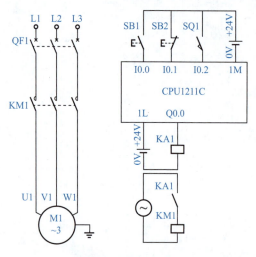

图 5-38　电气原理图

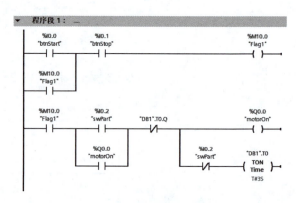

图 5-39　梯形图

当物料离开SQ1，I0.2的常闭触点闭合，定时器开始定时，如超过3S无物料经过SQ1，则定时器的常闭触点"DB1".T0.Q断开，Q0.0线圈断电，输送带暂时停机，定时器复位。当有物料经过传感器 SQ1 时，Q0.0 线圈得电自锁，传输带自动运行。

当压下停止按钮 SB2 时，常开触点 I0.1 断开，M10.0 线圈断电，系统停机。

这是"电动机起停控制"的升级版。在不增加硬件成本，通过优化程序，就可以起到节能环保的效果。

案例 5-7　"气炮"的 PLC 控制

任务描述

用 S7-1200 PLC 控制"气炮"。"气炮"是一种形象叫法，在工程中，通常使用压缩空气循环和间歇供气，将粉状物料（例如水泥厂的生料、熟料和水泥等）混合均匀。也可用"气炮"冲击力清理人不容易到达的罐体的内壁。要求设计原理图和程序，实现"气炮"通气 3s，停 2s，如此循环。

解题步骤

（1）设计电气原理图　PLC 采用 CPU1211C，原理图如图 5-40 所示。电磁阀一般需要中间继电器驱动，停止按钮接常闭触点，这是一般工程规范。

（2）编写控制程序　硬件组态如图 5-10 所示（组态过程参考 4.6）。

首先创建数据块 DB_Timer，即定时器的背景数据块，如图 5-34 所示，然后在此数据块中创建变量 T0 和 T1，特别要注意变量的数据类型为"IEC_TIMER"，最后要编译数据块，如图 5-35 所示，否则容易出错。这是创建定时器数据块的第二种办法，在项目中有多个定时器时，这种方法更加实用。

梯形图如图 5-41 所示。控制过程如下。当 SB1 合上，梯形图中 I0.0 常开触点闭合，M10.0 线圈得电自锁，定时器 T0 低电平输出，经过"NOT"取反，Q0.0 线圈得电，阀门开启供气。定时器 T0 定时 3s 后高电平输出，经过"NOT"取反，Q0.0 断电，控制的阀门停止供气，与此同时定时器 T1 起动定时，2s 后，"DB_Timer".T1.Q 的常闭触点断开，造成 T0 和 T1 的线圈断电，逻辑取反后，Q0.0 阀门开启供气。下一个扫描周期 "DB_Timer".T1.Q 的常闭触点又闭合，T0 又开始定时，如此周而复始，Q0.0 控制阀门周期性开/关，实现"气炮"功能。

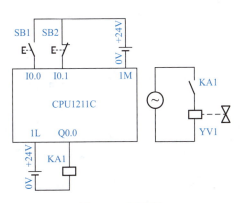

图 5-40　原理图

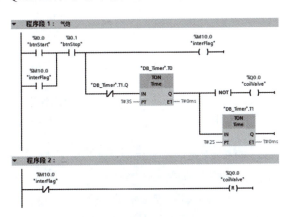

图 5-41　梯形图

5.3.2 断电延时定时器（TOF）

（1）断电延时定时器（TOF）线框指令　当输入端 IN 接通，输出 Q 的信号状态立即变为"1"，立即输出，之后当输入端 IN 断开，指令起动，定时开始，超出预置时间 PT 之后，即定时时间到，输出 Q 的信号状态立即变为"0"。断电延时定时器（TOF）的参数见表 5-5。

定时器及其应用-鼓风机的起停控制

表 5-5　断电延时定时器指令和参数

LAD	参数	数据类型	说明
TOF Time — IN　Q — PT　ET	IN	BOOL	起动定时器
	Q	BOOL	定时器 PT 计时结束后要复位的输出
	PT	Time	关断延时的持续时间
	ET	Time	当前时间值

以下用一个例子介绍断电延时定时器（TOF）的应用。

【例 5-3】断开与 I0.0 关联的按钮（之前此按钮一直闭合），延时 3s 后电动机停止转动，设计控制程序。

【答】先插入 IEC 定时器指令 TOF，弹出如图 5-32 所示界面，分配数据块，再编写程序如图 5-42 所示，压下与 I0.0 关联的按钮时，Q0.0 得电，电动机起动。T#3s 是定时时间，弹起与 I0.0 关联的按钮时，定时器开始定时，3s 后，定时时间到，Q0.0 为 0，电动机停转，MD10 中是定时器定时的当前时间。这是电动机延时停机的例子，假如 I0.0 接通 10s，则电动机运行 10s 加 3s（延时断开时间）共 13s。

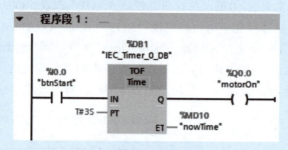

图 5-42　梯形图

（2）断电延时定时器（TOF）线圈指令　断电延时定时器线圈指令与线框指令类似，但没有 SCL 指令，以下仅用一个例子介绍其用法。

【例 5-4】某车库中有一盏灯，当人离开车库后，按下停止按钮，5s 后灯熄灭，原理图如图 5-43 所示，要求编写程序。

【答】先插入 IEC 定时器指令 TOF，分配数据块，界面如图 5-35 所示，再编写程序如图 5-44 所示。当按下 SB1 按钮，灯 HL1 亮；按下 SB2 按钮 5s 后，灯 HL1 灭。

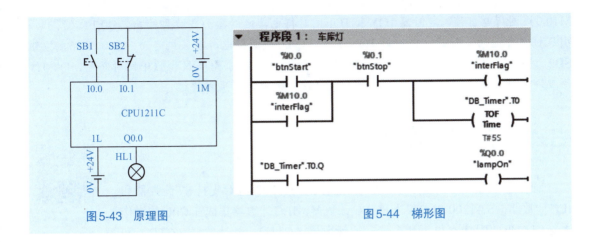

图 5-43　原理图　　　　　　　　　图 5-44　梯形图

案例 5-8　鼓风机运行的 PLC 控制

任务描述

　　用 S7-1200 PLC 控制一台鼓风机，鼓风机系统一般由引风机和鼓风机两级构成。当按下起动按钮后，引风机先工作，工作 5s 后，鼓风机工作。按下停止按钮后，鼓风机先停止工作，5s 后，引风机才停止工作，要求设计电气原理图和梯形图程序。

解题步骤

　　（1）设计电气原理图　设计电气原理图如图 5-45 所示。KA1 和 KA2 是中间继电器，起隔离和信号放大作用；KM1 和 KM2 是接触器，KA1 和 KA2 触点的通断控制 KM1 和 KM2 线圈的得电和断电，从而驱动电动机的起停。注意停止按钮 SB2 接常闭触点。

　　（2）编写控制程序　硬件组态如图 5-10 所示（组态过程参考 4.6）。

　　引风机在按下停止按钮后还要运行 5s，显然要使用 TOF 定时器；鼓风机在引风机工作 5s 后才开始工作，因而用 TON 定时器。

　　① 首先创建数据块 DB_Timer，即定时器的背景数据块，如图 5-34 所示，然后在此数据块中创建两个变量 T0 和 T1，特别要注意变量的数据类型为"IEC_TIMER"，最后要编译数据块，否则容易出错。

　　② 编写梯形图如图 5-46 所示。当下压起动按钮 SB1，梯形图中 I0.0 常开触点闭合，

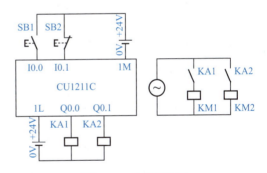

图 5-45　电气原理图

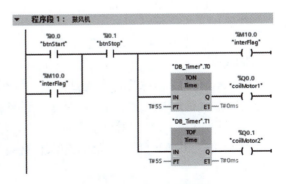

图 5-46　鼓风机控制梯形图

145

M10.0线圈得电自锁。定时器TON和TOF同时得电，定时器TOF立即输出，Q0.1线圈得电，引风机立即起动。5s后，定时器TON输出，Q0.0线圈得电，鼓风机起动。当压下停止按钮SB2，梯形图中I0.1常开触点断开，M10.0线圈断电。定时器TON和TOF同时断电，Q0.0线圈立即断开，鼓风机立即停止。5s后，Q0.1线圈断电，引风机停机。

5.4　计数器指令

计数器指令及其
应用-单键起停

计数器主要用于计数，如计算产量等。S7-1500 PLC支持S7计数器和IEC计数器，S7-1200 PLC仅支持IEC计数器。IEC计数器集成在CPU的操作系统中。在CPU中有以下计数器：加计数器（CTU）、减计数器（CTD）和加减计数器（CTUD）。

5.4.1　加计数器（CTU）

如果输入CU的信号状态从"0"变为"1"（信号上升沿），则执行该指令，同时输出CV的当前计数值加1，当CV≥PV时，Q输出为1，当R为1时，复位，CV和Q变为0。加计数器（CTU）的参数见表5-6。

表5-6　加计数器（CTU）指令和参数

LAD	参数	数据类型	说明
CTU ??? CU Q R CV PV	CU	BOOL	计数器输入
	R	BOOL	复位，优先于CU端
	PV	Int	预设值
	Q	BOOL	计数器的状态，CV≥PV，Q输出1，CV＜PV，Q输出0
	CV	整数、Char、WChar、Date	当前计数值

从指令框的"？？？"下拉列表中选择该指令的数据类型，例如整数INT。

以下以加计数器（CTU）为例介绍IEC计数器的应用。

【例5-5】压下与I0.0关联的按钮3次后，灯亮，压下与I0.1关联的按钮，灯灭，请设计控制程序。

【答】将CTU计数器指令拖拽到程序编辑器中，弹出如图5-47所示界面，单击"确定"按钮，输入梯形图程序如图5-48所示。当与I0.0关联的按钮压下3次，MW12中存储的当前计数值（CV）为3，等于预设值（PV），所以Q0.0状态变为1，灯亮；当压下与I0.1关联的复位按钮，MW12中存储的当前计数值变为0，小于预设值（PV），所以Q0.0状态变为0，灯灭。

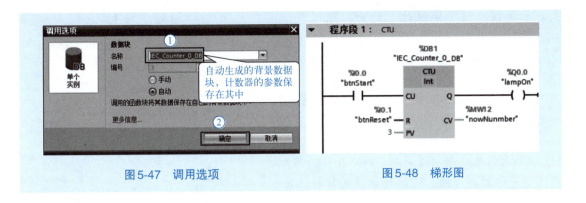

图5-47 调用选项　　　　　　　图5-48 梯形图

5.4.2 减计数器（CTD）

输入LD的信号状态变为"1"时，将输出CV的值设置为参数PV的值，输入CD的信号状态从"0"变为"1"（信号上升沿），则执行该指令，输出CV的当前计数器值减1，当前值CV减为0时，Q输出为1。减计数器（CTD）的参数见表5-7。

表5-7 减计数器（CTD）指令和参数

LAD	参数	数据类型	说明
	CD	BOOL	计数器输入
	LD	BOOL	装载输入
	PV	Int	预设值
	Q	BOOL	使用 LD = 1 置位输出 CV 的目标值。
	CV	整数、Char、WChar、Date	当前计数值

从指令框的"？？？"下拉列表中选择该指令的数据类型。

以下用一个例子说明减计数器（CTD）的用法。

梯形图程序如图5-49所示。当I0.1常开触点闭合1次，PV值装载到当前计数值（CV），且为3。当I0.0常开触点闭合一次，CV减1，I0.0常开触点闭合3次，CV变为0，所以Q0.0线圈状态变为1。

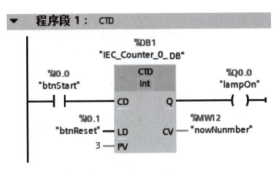

图5-49 梯形图

案例 5-9 —三相异步电动机单键起停运行PLC控制（2）—

任务描述

设计一个程序，实现用一个单按钮控制一盏灯的亮和灭，即第奇数次压下按钮时，灯

147

亮，第偶数次压下按钮时，灯灭。原理图如图5-25所示。

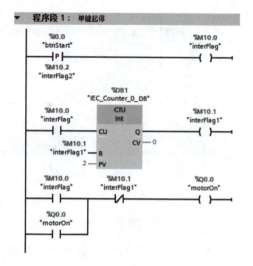

图5-50　梯形图

解题步骤

硬件组态如图5-10所示（组态过程参考4.6）。梯形图如图5-50所示。

当 SB1 第一次合上时，产生一个上升沿，M10.0线圈得电一个扫描周期，所以M10.0常开触点闭合一个扫描周期，使得计数器的计数值为1，同时导致Q0.0线圈得电一个扫描周期，Q0.0常开触点闭合自锁，灯亮。

当 SB1 第二次合上时，M10.0常开触点闭合一个扫描周期，当计数器计数为2时，M10.1线圈得电，从而M10.1常闭触点断开，Q0.0线圈断电，使得灯灭，同时M10.1为TRUE使得计数器复位。

5.5　移动值指令、比较指令和转换指令

5.5.1　移动值指令（MOVE）

当允许输入端EN的状态为"1"时，执行此指令，将IN端的数值复制到OUT端的目的地地址中，IN和OUTx（x为1、2、3等）有相同的数值，移动值指令（MOVE）及参数见表5-8。

移动值指令及其应用-
电动机星三角起动控制

表5-8　移动值指令（MOVE）及参数

LAD	参数	数据类型	说明
MOVE — EN — ENO — — IN ❈ OUT1	EN	BOOL	允许输入
	ENO	BOOL	允许输出
	OUT1	位字符串、整数、浮点数、定时器、日期时间、Char、WChar、Struct、Array、Timer、Counter、IEC 数据类型、PLC 数据类型（UDT）	目的地地址
	IN		源数据

注：每点击"MOVE"指令中的 ❈ 一次，就增加一个输出端。

用一个例子来说明移动值指令（MOVE）的使用。梯形图如图5-51所示，当I0.0常开触点闭合，MW10中的数值（假设为8）复制到目的地地址MW12和MW14中，结果是MW10、MW12和MW14中的数值都是8。Q0.0的状态与I0.0相同，也就是说，I0.0常开触点闭合时，Q0.0为"1"；

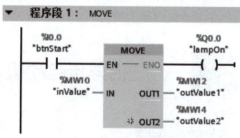

图5-51　移动值梯形图

I0.0常开触点断开时，Q0.0为"0"。

案例
5-10　── 三相异步电动机Y－△起动运行PLC控制 ──

< 任务描述

　　用S7-1200 PLC控制一台三相异步电动机，实现电动机Y-△起动，要求设计电气原理图，并编写控制程序。

< 解题步骤

　　（1）设计电气原理图　设计电气原理图如图5-52所示，本例PLC采用CPU1211C控制。前8s，Q0.0和Q0.1线圈得电，电动机星形起动，从8s到8s100ms只有Q0.0得电，从8s100ms开始，Q0.0和Q0.2线圈得电，电动机三角形运行。

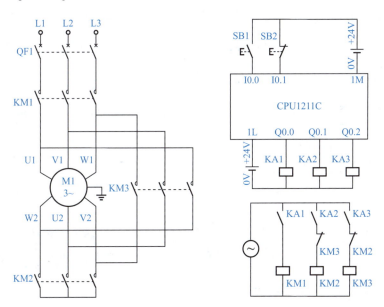

图5-52　原理图

　　【关键点】图5-52中，由中间继电器KA1~KA3驱动KM1~KM3，而不能用PLC直接驱动KM1~KM3，否则容易烧毁PLC输出点，这是基本的工程规范。

　　为了方便理解程序，列出QB0的数值与Q0.0~Q0.7的对应关系，如图5-53所示。

QB0	Q0.7	Q0.6	Q0.5	Q0.4	Q0.3	Q0.2	Q0.1	Q0.0
QB0=1=2#0001	0	0	0	0	0	0	0	1
QB0=3=2#0011	0	0	0	0	0	0	1	1
QB0=5=2#0101	0	0	0	0	0	1	0	1

图5-53　QB0的数值与Q0.0~Q0.7的对应关系

（2）编写控制程序　硬件组态如图 5-10 所示（组态过程参考 4.6）。梯形图程序如图 5-54 所示。这种方法编写程序很简单，但浪费了宝贵的输出点资源。

KM2 和 KM3 分别对应星形起动和三角形运行，应该用接触器的常闭触点进行互锁。如果没有硬件互锁，尽管程序中 KM2 断开比 KM3 闭合早 100ms，但在某些特殊情况下，硬件 KM2 没有及时断开，而硬件 KM3 闭合了，则会造成短路。程序解读如下。

程序段 1：压下按钮 SB1，I0.0 常开触点闭合，2#11 送到 QB0，Q0.0 和 Q0.1 为 1 → KA1 和 KA2 的线圈得电 → KA1 和 KA2 的常开触点闭合 → 接触器 KM1 和 KM2 线圈得电 → 接触器 KM1 和 KM2 主触点闭合，电动机星形起动。

程序段 2：Q0.0 为 1，所以 Q0.0 常开触点闭合，定时器 "DB_Timer".T0 开始定时，第 8s 后，2#1 送到 QB0，Q0.0 为 1，同时定时器 "DB_Timer".T1 开始定时。第 8s100ms 后，常闭触点 "DB_Timer".T1.Q 断开，2#101 送到 QB0，Q0.0 和 Q0.2 为 1，输出后，接触器 KM1 和 KM3 主触点闭合，电动机三角形运行。

程序段 3：压下 SB2 按钮，停机。

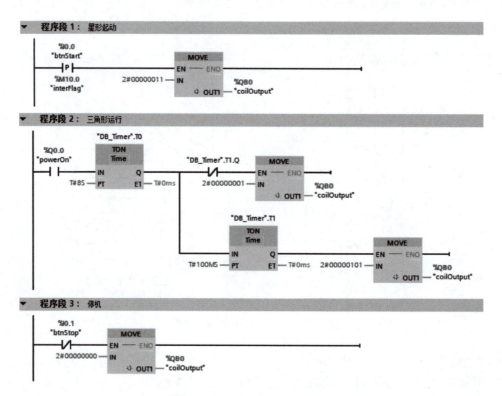

图 5-54　电动机 Y- △起动梯形图

【关键点】图 5-54 所示的梯形图是正确的，但需占用 QB0 所有的输出点，而真实使用的输出点却只有 3 个，浪费了宝贵的输出点（使用 CPU1211C 浪费 1 个，使用 CPU1214C 浪费 5 个），因此从工程的角度考虑，不是一个实用程序。

改进的梯形图程序如图 5-55 所示，仍然采用以上方案，但只需要使用 3 个输出点，因此是一个实用程序。

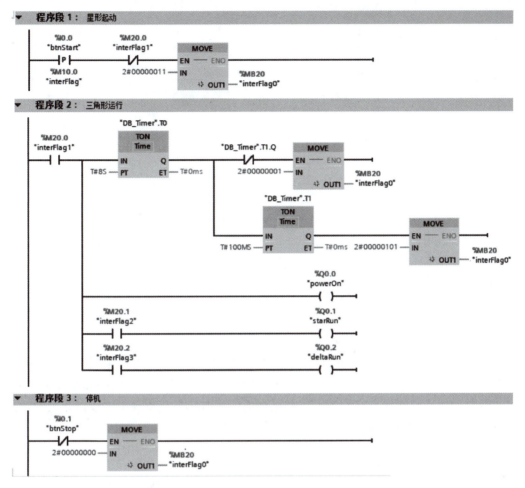

图5-55 电动机Y-△起动梯形图程序（改进后）

5.5.2 比较指令

TIA Portal 软件提供了丰富的比较指令，可以满足用户的各种需要。TIA Portal 软件中的比较指令可以对整数、双整数、实数等数据类型的数值进行比较。

比较指令有等于（CMP==）、不等于（CMP< >）、大于（CMP>）、小于（CMP<）、大于或等于（CMP>=）和小于或等于（CMP<=）。比较指令对输入操作数1和操作数2进行比较，如果比较结果为真，则逻辑运算结果RLO为"1"，反之则为"0"。

以下仅以等于比较指令的应用进行说明，其他比较指令不再讲述。

（1）等于比较指令的选择示意 等于比较指令的选择示意如图5-56所示，单击标记"1"处，弹出标记"3"处的比较符（等于、大于等），选择所需的比较符，单击"2"处，弹出标记"4"处的数据类型，选择所需的数据类型，最后得到标记"5"处的"整数等于比较指令"。

（2）等于比较指令的使用举例 等于比较指令有整数等于比较指令、双整数等于比较指令和实数等于比较指令等。等于比较指令和参数见表5-9。

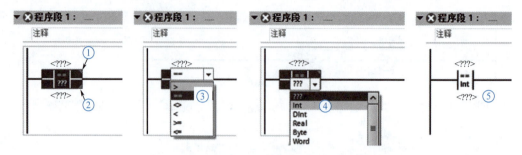

图 5-56　等于比较指令的选择示意

表 5-9　等于比较指令和参数

LAD	参数	数据类型	说明
<???> ⊣ == ⊢ ??? <???>	操作数 1	位字符串、整数、浮点数、字符串、Time、Date、TOD、DTL、DT	比较的第一个数值
	操作数 2		比较的第二个数值

从指令框的"？？？"下拉列表中选择该指令的数据类型。

用一个例子来说明等于比较指令。梯形图如图 5-5 7 所示，MW10 中的整数和 MW12 中的整数进行比较，若两者相等，则 Q0.0 输出为"1"，若两者不相等，则 Q0.0 输出为"0"。

双整数等于比较指令和实数等于比较指令的使用方法与整数等于比较指令类似，只不过操作数 1 和操作数 2 的参数类型分别为双整数和实数。

【关键点】一个整数和一个实数是不能直接进行比较的，如图 5-58 所示，因为它们之间的数据类型不同。一般先将整数转换成实数，再对两个实数进行比较。

可以把比较指令理解为带条件的常开触点，当条件满足时常开触点闭合，条件不满足则常开触点断开。

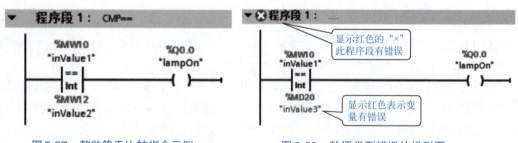

图 5-57　整数等于比较指令示例　　　　图 5-58　数据类型错误的梯形图

案例 5-11　——— 交通灯的 PLC 控制 ———

任务描述

十字路口的交通灯控制，当合上起动按钮，东西方向绿灯亮 4s，闪烁 2s 后灭，黄灯亮

2s 后灭，红灯亮 8s 后灭，如此循环，而对应东西方向绿灯、黄灯、红灯亮时，南北方向红灯亮 8s 后灭，接着绿灯亮 4s，闪烁 2s 后灭，黄灯亮 2s 后灭，如此循环。要求设计电气原理图，并编写梯形图程序。

解题步骤

（1）设计电气原理图　设计原理图如图 5-59 所示。

比较指令及其应用 -
红绿交通灯的控制

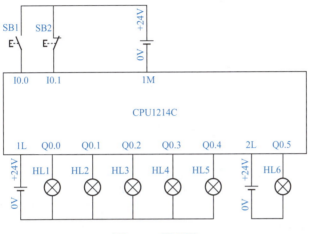

图 5-59　原理图

（2）硬件组态和编写程序

① 创建新项目"交通灯"，添加 CPU1214C 模块，此步骤可参考 4.6。如图 5-60 所示，在"设备视图"中，选中标记"2"处的 CPU 模块，然后选中"属性"→"常规"→"系统和时钟存储器"，勾选"启用时钟存储器字节"，启用时钟存储器字节的目的是让 M0.5 产生秒脉冲。

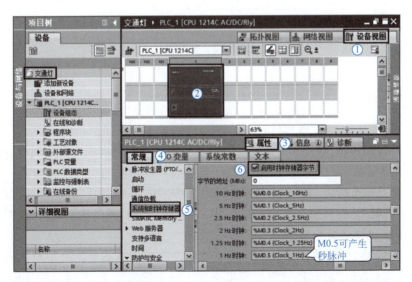

图 5-60　创建新项目，添加 CPU，启用时钟存储器字节

② 再根据题意绘制出时序图如图5-61所示，再创建数据块DB-Timer，创建两个变量T0和T1，注意其数据类型为"IEC_TIMER"，创建方法参考图5-35。编写梯形图程序主要用比较指令，例如东西方向，当时间小于等于4s时，绿灯亮，其余时间段用类似方法，梯形图程序如图5-62所示。

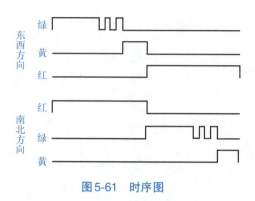

图5-61　时序图

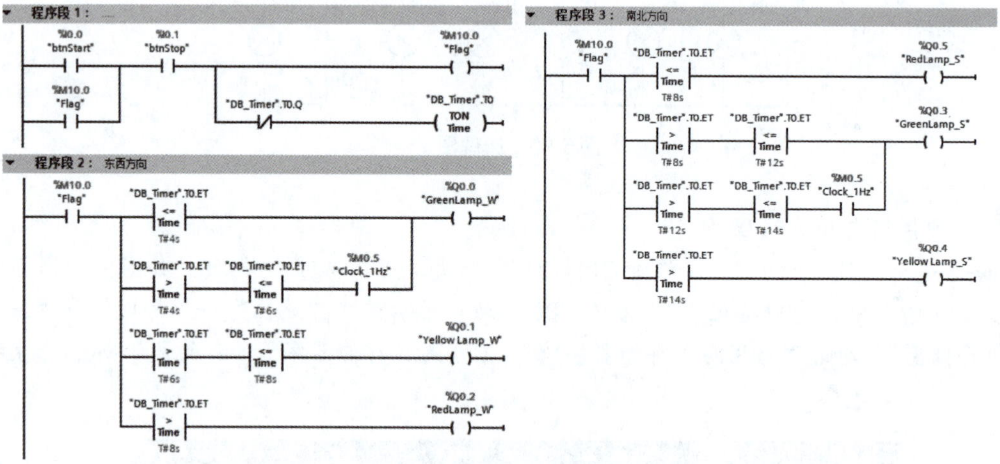

图5-62　梯形图

5.5.3　转换指令

转换指令是将一种数据格式转换成另外一种格式进行存储的指令。例如，要让一个整数型数据和双整数型数据进行算术运算，一般要将整数型据转换成双整数型数据类型。

（1）转换值指令（CONVERT）　BCD 码转换成整数指令的选择示意如图5-63所示，单击标记"1"处，弹出标记"3"处的要转换值的数据类型，选择所需的数据类型。单击"2"处，弹出标记"4"处的转换结果的数据类型，选择所需的数据类型，最后得到标记"5"处的"BCD码转换成整数指令"。

转换值指令将读取参数IN的内容，并根据指令框中选择的数据类型对其进行转换。转换值存储在输出OUT中。转换值指令应用十分灵活。转换值指令（CONVERT）和参数见表5-10。

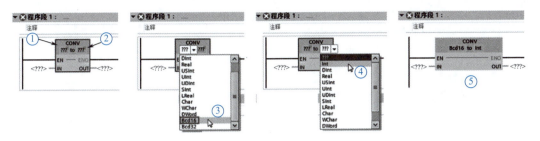

图5-63　BCD码转换成整数指令的选择示意

表5-10　转换值指令（CONVERT）和参数

LAD	参数	数据类型	说明
CONV ??? to ??? EN — ENO — IN OUT	EN	BOOL	使能输入
	ENO	BOOL	使能输出
	IN	位字符串、整数、浮点数、Char、WChar、BCD16、BCD32	要转换的值
	OUT	位字符串、整数、浮点数、Char、WChar、BCD16、BCD32	转换结果

　　从指令框的"？？？"下拉列表中选择该指令的数据类型。

　　BCD码转换成整数指令是将IN指定的内容以BCD码二到十进制格式读出，并将其转换为整数格式，输出到OUT端。如果IN端指定的内容超出BCD码的范围（例如4位二进制数出现1010~1111的几种组合），则执行指令时将会发生错误，使CPU进入STOP方式。

　　用一个例子来说明BCD码转换成整数指令，梯形图如图5-64所示。当I0.0常开触点闭合时，激活BCD码转换成整数指令，IN中的BCD数用十六进制表示为16#22（名义为16#22，实际是十进制的22），转换完成后OUT端的MW16中的整数的十进制是22。

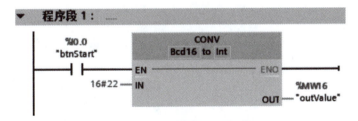

图5-64　BCD码转换成整数指令示例

　　（2）取整指令（ROUND）　取整指令将输入IN的值四舍五入取整为最接近的整数。该指令将输入IN的值（为浮点数）转换为一个数据类型为整数的数据（通常为双整数）。取整指令（ROUND）和参数见表5-11。

　　用一个例子来说明取整指令，梯形图如图5-65所示。当I0.0的常开触点闭合时，激活取整指令，IN中的实数存储在MD10中，假设这个实数为3.14，进行取整运算后OUT端的MD20中的双整数是DINT#3，假设这个实数为3.88，进行取整运算后OUT端的MD10中的双整数是DINT#4。

表5-11 取整指令（ROUND）和参数

LAD	参数	数据类型	说明
ROUND ??? to ??? EN — ENO IN OUT	EN	BOOL	允许输入
	ENO	BOOL	允许输出
	IN	浮点数	要取整的输入值
	OUT	整数、浮点数	取整的结果

注：可以从指令框的"？？？"下拉列表中选择该指令的数据类型。

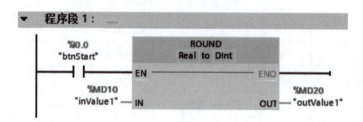

图5-65 取整指令示例

注：取整指令（ROUND）可以用转换值指令（CONVERT）替代。

（3）标准化指令（NORM_X） 使用标准化指令，可将输入VALUE中变量（其范围限定为MIN～MAX）的值成线性映射到0.0～0.1上，即进行标准化。使用参数 MIN 和 MAX 定义输入 VALUE 值范围的限值。标准化指令（NORM_X）和参数见表5-12。

表5-12 标准化指令（NORM_X）和参数

LAD	参数	数据类型	说明
NORM_X ??? to ??? EN — ENO MIN OUT VALUE MAX	EN	BOOL	允许输入
	ENO	BOOL	允许输出
	MIN	整数、浮点数	取值范围的下限
	VALUE	整数、浮点数	要标准化的值
	MAX	整数、浮点数	取值范围的上限
	OUT	浮点数	标准化结果

注：可以从指令框的"？？？"下拉列表中选择该指令的数据类型。

标准化指令的计算公式是：$OUT = (VALUE - MIN) / (MAX - MIN)$，此公式对应的计算原理图如图5-66所示。

用一个例子来说明标准化指令（NORM_X），梯形图如图5-67所示。当I0.0闭合时，激活标准化指令，要标准化的VALUE存储在IW64中，VALUE的范围是0～27648，将VALUE标准化的输出范围是0～1.0。假设IW64中是13824，那么MD20中的标准化结果为0.5。

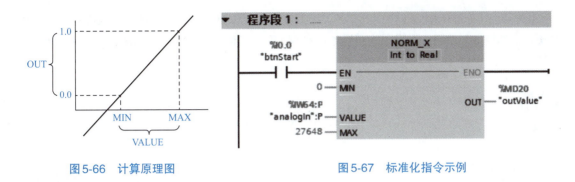

图 5-66　计算原理图

图 5-67　标准化指令示例

（4）缩放指令（SCALE_X）　使用缩放指令，通过将输入 VALUE 范围是 0.0～1.0 的值映射到指定的值范围来对其进行缩放。当执行缩放指令时，输入 VALUE 的浮点值会缩放到由参数 MIN 和 MAX 定义的值范围。缩放结果存储在 OUT 输出中。缩放指令（SCALE_X）和参数见表 5-13。

表 5-13　缩放指令（SCALE_X）和参数

LAD	参数	数据类型	说明
SCALE_X ??? to ??? EN — ENO MIN — OUT VALUE MAX	EN	BOOL	允许输入
	ENO	BOOL	允许输出
	MIN	整数、浮点数	取值范围的下限
	VALUE	浮点数	要缩放的值
	MAX	整数、浮点数	取值范围的上限
	OUT	整数、浮点数	缩放结果

注：可以从指令框的"？？？"下拉列表中选择该指令的数据类型。

"缩放"指令的计算公式是：$OUT = [VALUE \cdot (MAX - MIN)] + MIN$，此公式对应的计算原理图如图 5-68。

用一个例子来说明缩放指令（SCALE_X），梯形图如图 5-69 所示。当 I0.0 闭合时，激活缩放指令，要缩放的 VALUE 存储在 MD30 中，VALUE 的范围是 0～1.0，将 VALUE 缩放的输出范围是 0～27648。假设 MD30 中是 0.5，那么 QW64 中的缩放结果为 13824。

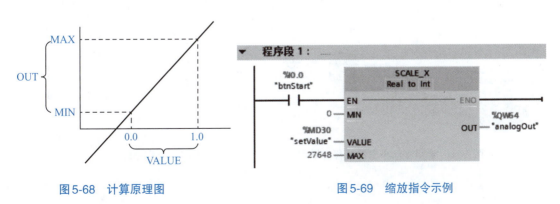

图 5-68　计算原理图

图 5-69　缩放指令示例

【关键点】标准化指令（NORM_X）和缩放指令（SCALE_X）的使用大大简化了程序编写量，且通常成对使用，最常见的应用场合是AD和DA转换及PLC与变频器、伺服驱动系统通信的场合。

案例 5-12 ——移动小车的位移测量——

任务描述

用S7-1200 PLC测量移动小车的位移（即小车与传感器的距离），模型如图5-70所示，当位移大于50.0mm，报警灯亮，并有起停控制，要求设计电气原理图，并编写控制程序。

转换指令及其应用-
移动小车的位移测量
（基于数字孪生）

解题步骤

（1）设计电气原理图　设计电气原理图如图5-71所示。模拟量模块SM1231有4个模拟量输入通道。本例使用了通道0。

创建新项目，添加CPU1212C和SM1231模块，如图5-72所示，此步骤可参考4.6。在设备视图中，选中"模拟量模块"→"通道0"，可以看到标记"4"处的地址是IW96，因此连接在通道0上的信号，经AD转换的结果保存在这个地址中，双极性信号（有正负）经AD转换后数值范围是-27648～27648，单极性信号（非负）经AD转换后数值范围是0～27648。

由于本例的位移传感器产生的电压信号是0～10V，标记"5"处的测量类型选择"电压"，电压范围选择"+/-10V"，这里的组态内容要与传感器输出信号类型匹配。

（2）编写控制程序　编写控制程序如图5-73所示。

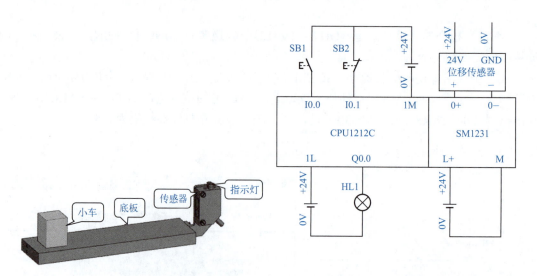

图5-70　测量移动小车的位移的模型　　　　图5-71　电气原理图

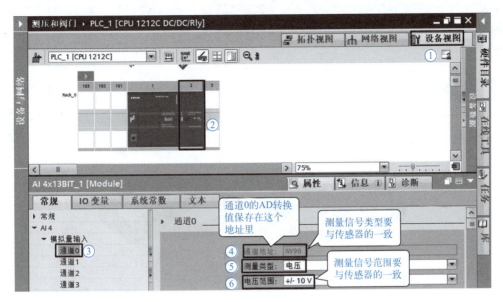

图 5-72　模拟量模块的组态

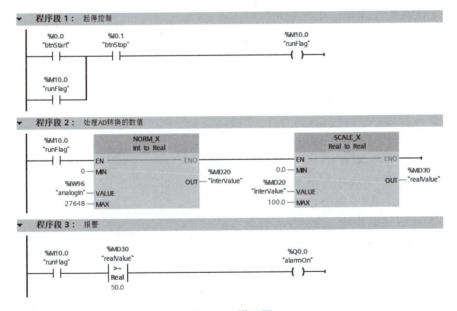

图 5-73　梯形图

程序段 1 说明：起停控制。由于图 5-71 的 SB2 接常闭触点，所以梯形图中对应的 I0.1 是常开触点。

程序段 2 为处理 AD 转换的数值。模拟量输入通道 0 对应的地址是 IW96，模拟量模块 SM1231 的 0 通道的 AD 转换值（IW96）的范围是 0～27648，将其进行标准化处理，处理后的值的范围是 0.0～1.0，存在 MD20 中。27648 标准化的结果为 1.0，13824 标准化的结果 0.5。标准化后的结果进行比例运算，就是将标准化的结果 0.0～1.0 比例运算到 0～100。例如标准化结果是 1.0，则位移为 100mm，标准化结果是 0.5，则位移为 50mm。

程序段 3 为报警。当位移数值大于等于 50mm 时，报警灯亮。

案例 5-13 比例阀的开度控制

任务描述

用 S7-1200 PLC 控制气动比例阀的开度，比例阀模型如图 5-74 所示，运行时灯亮，并有起停控制，要求设计电气原理图，并编写控制程序。

转换指令及其应用-
比例阀的开度控制
（基于数字孪生）

阀门全关状态   阀门开度50%

图 5-74 比例阀模型

解题步骤

（1）设计电气原理图 设计电气原理图如图 5-75 所示。模拟量模块 SM1232 有 2 个模拟量输出通道。本例使用了通道 0。

创建新项目，添加 CPU1212C 和 SM1232 模块，如图 5-76 所示，此步骤可参考 4.6。在设备视图中，选中"模拟量模块"→"通道 0"，可以看到标记"4"处的地址是 QW96，要 DA 转换的数值保存在这个地址中，双极性信号（有正负），即要 DA 转换的数值范围是 -27648~27648，单极性信号（非负），即要 DA 转换的数值范围是 0~27648。DA 转换后的模拟量从通道 0 外送到比例阀，控制比例阀的开度。

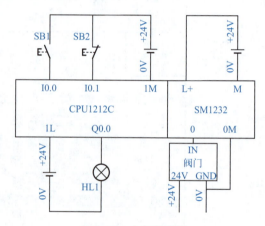

图 5-75 电气原理图

由于本例的比例阀接收的电压信号是 0~10V，标记"5"处的测量类型选择"电压"，电压范围选择"+/-10V"，这里的组态内容要与比例阀信号类型匹配。

（2）编写控制程序 编写程序如图 5-77 所示。程序段 2 说明如下。比例阀的开度范围是 0.0~100.0，设定值在 MD10 中（通常由 HMI 给定），将其进行标准化处理，处理后的值的范围是 0.0~1.0，存在 MD20 中。100.0 标准化的结果为 1.0，50.0 标准化的结果 0.5。标准化后的结果进行比例运算，比例运算的结果送入 QW96，而 QW96 是模拟量输出通道 0 对应的地址，模拟量模块 SM1232 的 0 通道的 DA 转换前的数字量（QW96）的范围是 0~27648，因此标准化结果为 1.0 时，比例运算结果是 27648，经过 DA 转换后，输出为模拟量 10V，送入比例阀，则比例阀的开度为 100.0（全开）。

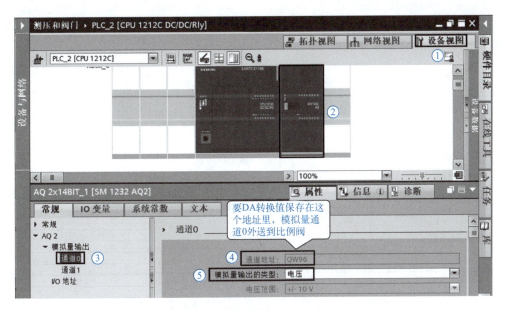

图 5-76　模拟量模块的组态

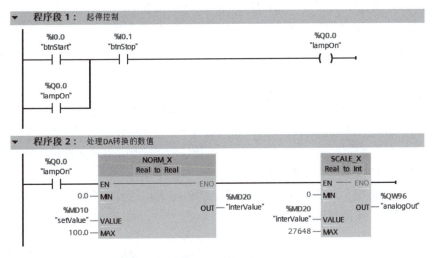

图 5-77　梯形图

5.6　数学函数指令、移位和循环指令

5.6.1　数学函数指令

数学函数指令非常重要，主要包含加、减、乘、除、三角函数、反三角函数、乘方、开方、对数、求绝对值、求最大值和、求最小值和 PID 等指令，在模拟量的处理、PID 控制等很多场合都要用到数学函数指令。

（1）加指令（ADD）　当允许输入端 EN 为高电平"1"时，输入端

数学函数指令及其
应用-电炉加热控制

161

IN1 和 IN2 中的整数相加，结果送入 OUT 中。加的表达式是：IN1＋IN2＝OUT。加指令（ADD）和参数见表5-14。

表5-14 加指令（ADD）和参数

LAD	参数	数据类型	说明
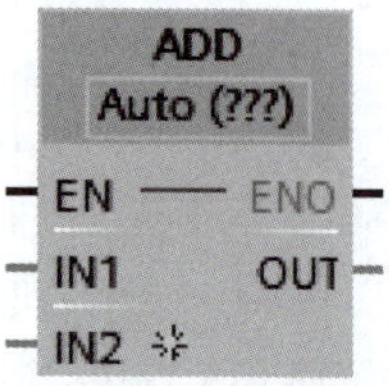 ADD Auto (???) EN — ENO IN1 OUT IN2	EN	BOOL	允许输入
	ENO	BOOL	允许输出
	IN1	整数、浮点数	相加的第1个值
	IN2	整数、浮点数	相加的第2个值
	INn	整数、浮点数	要相加的可选输入值
	OUT	整数、浮点数	相加的结果（和）

【关键点】可以从指令框的"？？？"下拉列表中选择该指令的数据类型。单击指令中的图标可以添加可选输入项。

用一个例子来说明加指令（ADD），梯形图如图5-78所示。当 I0.0 常开触点闭合时，激活加指令，IN1 中的整数存储在 MW10 中，假设这个数为11，IN2 中的整数存储在 MW12 中，假设这个数为21，则整数相加的结果，即存储在 OUT 端的 MW16 中的数是42（11+21+10=42）。

【关键点】

① 同一数学函数指令最好使用相同的数据类型（即数据类型要匹配），不匹配只要不报错也是可以使用的，如图5-79所示，IN1 和 IN3 输入端有小方框，就是表示数据类型不匹配但仍然可以使用。但如果变量为红色则表示这种数据类型是错误的，例如 IN4 输入端就是错误的。

② 错误的程序可以保存（有的 PLC 错误的程序不能保存）。

③ 使用数学函数指令，最容易犯的错误是计算的结果超范围，例如 INT 型整数运算的范围是 -32768～32767，不能超过此范围。

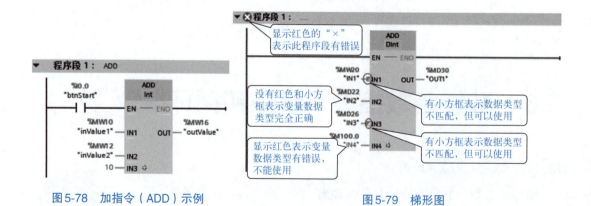

图5-78 加指令（ADD）示例

图5-79 梯形图

案例 5-14 ——————— 电炉多挡加热的PLC控制 ———————

任务描述

有一个电炉，加热功率有1000W、2000W和3000W三个挡位，电炉有1000W和2000W两种电加热丝。要求用一个按钮选择三个加热挡，当按一次按钮时，1000W电阻丝加热，即第一挡；当按两次按钮时，2000W电阻丝加热，即第二挡；当按三次按钮时，1000W和2000W电阻丝同时加热，即第三挡；当按四次按钮时停止加热。要求设计电气原理图，并编写控制程序。

解题步骤

设计电气原理图，如图5-80所示。原理图中可用固态继电器取代中间继电器和接触器。

组态与编写程序。在解释程序之前，先回顾前面已经讲述过的知识点。QB0是一个字节，包含Q0.0~Q0.7共8位，如图5-81所示。当QB0=1时，Q0.1~Q0.7为0，Q0.0=1。当QB0=2时，Q0.2~Q0.7为0，Q0.1=1，Q0.0=0。当QB0=3时，Q0.2~Q0.7为0，Q0.0=1，Q0.1=1。掌握这些基础知识，对识读和编写程序至关重要。

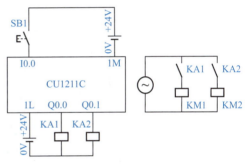
图5-80　电气原理图

硬件组态如图5-10所示（组态过程参考4.6）。梯形图如图5-82所示。当第1次压按钮时，执行1次加法指令，QB0=1，Q0.1~Q0.7为0，Q0.0=1，为第一挡加热；当第2次压按钮时，执行1次加法指令，QB0=2，Q0.2~Q0.7为0，Q0.1=1，Q0.0=0，为第二挡加热；当第3次压按钮时，执行1次加法指令，QB0=3，Q0.2~Q0.7为0，Q0.0=1，Q0.1=1，为第三挡加热；当第4次压按钮时，执行1次加法指令，QB0=4，再执行比较指令，当QB0≥4时，强制QB0=0，关闭电加热炉。

【关键点】如图5-82所示的梯形图程序，没有逻辑错误，但实际上有两处缺陷，一是上电时没有将Q0.0~Q0.1复位，二是浪费了2个输出点，这在实际工程应用中是不允许的。

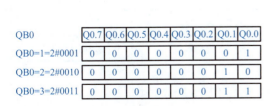

QB0	Q0.7	Q0.6	Q0.5	Q0.4	Q0.3	Q0.2	Q0.1	Q0.0
QB0=1=2#0001	0	0	0	0	0	0	0	1
QB0=2=2#0010	0	0	0	0	0	0	1	0
QB0=3=2#0011	0	0	0	0	0	0	1	1

图5-81　位和字节的关系

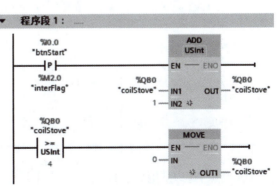
图5-82　梯形图

对图 5-82 所示的程序进行改进，如图 5-83 所示。

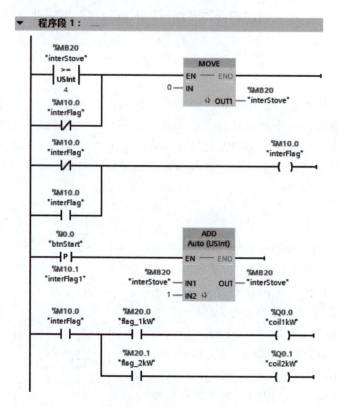

图 5-83　梯形图（改进后）

注：本项目程序中 ADD 指令可以用 INC 指令代替。

（2）减指令（SUB）　当允许输入端 EN 为高电平"1"时，输入端 IN1 和 IN2 中的数相减，结果送入 OUT 中。IN1 和 IN2 中的数可以是常数。减指令的表达式是：IN1－IN2＝OUT。

减指令（SUB）和参数见表 5-15。

表 5-15　减指令（SUB）和参数

LAD	参数	数据类型	说明
SUB Auto (???) EN — ENO IN1 OUT IN2	EN	BOOL	允许输入
	ENO	BOOL	允许输出
	IN1	整数、浮点数	被减数
	IN2	整数、浮点数	减数
	OUT	整数、浮点数	相减的结果（差）

【关键点】可以从指令框的"？？？"下拉列表中选择该指令的数据类型。

用一个例子来说明减指令（SUB），梯形图如图 5-84 所示。当 I0.0 常开触点闭合时，激活双整数减指令，IN1 中的双整数存储在 MD10 中，假设这个数为 DINT#28，IN2 中的双整数为 DINT#8，则双整数相减的结果，即存储在 OUT 端的 MD16 中的数是 DINT#20（28-8=20）。

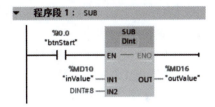

图5-84　减指令（SUB）示例

（3）乘指令（MUL）　当允许输入端 EN 为高电平"1"时，输入端 IN1 和 IN2 中的数相乘，结果送入 OUT 中。IN1 和 IN2 中的数可以是常数。乘的表达式是：IN1×IN2＝OUT。乘指令（MUL）和参数见表5-16。

表5-16　乘指令（MUL）和参数

LAD	参数	数据类型	说明
	EN	BOOL	允许输入
	ENO	BOOL	允许输出
	IN1	整数、浮点数	相乘的第1个值
	IN2	整数、浮点数	相乘的第2个值
	INn	整数、浮点数	要相乘的可选输入值
	OUT	整数、浮点数	相乘的结果（积）

【关键点】可以从指令框的"？？？"下拉列表中选择该指令的数据类型。单击指令中的 图标可以添加可选输入项。

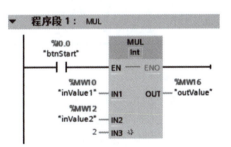

图5-85　乘指令（MUL）示例

用一个例子来说明乘指令（MUL），梯形图如图5-85所示。当 I0.0 常开触点闭合时，激活整数乘指令，IN1 中的整数存储在 MW10 中，假设这个数为 11，IN2 中的整数存储在 MW12 中，假设这个数为 11，则整数相乘的结果，即存储在 OUT 端的 MW16 中的数是 242（11×11×2=242）。

（4）除指令（DIV）　当允许输入端 EN 为高电平"1"时，输入端 IN1 中的数除以 IN2 中的数，结果送入 OUT 中。IN1 和 IN2 中的数可以是常数。除指令（DIV）和参数见表5-17。

表5-17　除指令（DIV）和参数

LAD	参数	数据类型	说明
	EN	BOOL	允许输入
	ENO	BOOL	允许输出
	IN1	整数、浮点数	被除数
	IN2	整数、浮点数	除数
	OUT	整数、浮点数	除法的结果（商）

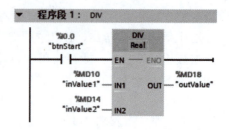

【关键点】可以从指令框的"？？？"下拉列表中选择该指令的数据类型。

用一个例子来说明除指令（DIV），梯形图如图5-86所示。当I0.0常开触点闭合时，激活实数除指令，IN1中的实数存储在MD10中，假设这个数为10.0，IN2中的双整数存储在MD14中，假设这个数为2.0，则实数相除的结果，即存储在OUT端的MD18中的数是（12.0+3.0-3.0）/2.0=6.0。

图5-86　除指令（DIV）示例

（5）计算指令（CALCULATE）　使用计算指令可定义并执行表达式，根据所选数据类型进行数学运算或复杂逻辑运算，简而言之，就是把加、减、乘、除和三角函数的关系式用一个表达式进行计算，可以大幅减少程序量。计算指令和参数见表5-18。

表5-18　计算指令（CALCULATE）和参数

LAD	参数	数据类型	说明
	EN	BOOL	允许输入
	ENO	BOOL	允许输出
	IN1	位字符串、整数、浮点数	第1输入
	IN2	位字符串、整数、浮点数	第2输入
	INn	位字符串、整数、浮点数	其他插入的值
	OUT	位字符串、整数、浮点数	计算的结果

【关键点】

①可以从指令框的"？？？"下拉列表中选择该指令的数据类型。

②上方的"计算器"图标可打开该对话框。表达式可以包含输入参数的名称和指令的语法。

用一个例子来说明计算指令，在梯形图中点击"计算器"图标，弹出如图5-87所示界面，输入表达式，本例为：OUT=（IN1+IN2-IN3）/IN4。再输入梯形图如图5-88所示。当I0.0常开触点闭合时，激活计算指令，IN1中的实数存储在MD10中，假设这个数为12.0，IN2中的实数存储在MD14中，假设这个数为3.0，则存储在OUT端的MD18中的数是6.0[（12.0+3.0-3.0）/2.0=6.0]。

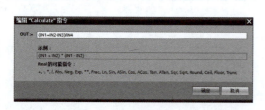

图5-87　编辑计算指令

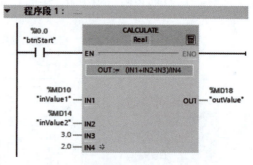

图5-88　计算指令示例

【例5-6】将53英寸（in）转换成以毫米（mm）为单位的整数，请设计控制程序。

【解】1in ≈ 25.4mm，涉及实数乘法，先要将整数转换成实数，用实数乘法指令将in为单位的长度变为以mm为单位的实数，最后四舍五入即可。编写程序之前，需要在接口参数表中创建1个临时变量#tmpData（Real型），梯形图程序如图5-89所示。

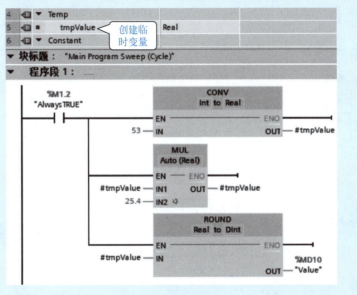

数学函数指令
及其应用-英寸
转换毫米

图5-89　梯形图程序

数学函数中还有计算余弦、计算正切、计算反正弦、计算反余弦、取幂、求平方、求平方根、计算自然对数、计算指数值和提取小数等，由于都比较容易掌握，在此不再赘述。

数学函数指令使用比较简单，但初学者容易用错。有如下两点，请读者注意。

① 参与运算的数据类型要匹配，不匹配则可能出错。

② 数据都有范围，例如整数函数运算的范围是 −32768～32767，超出此范围则是错误的。

5.6.2　移位和循环指令

TIA Portal 软件移位指令能将累加器的内容逐位向左或者向右移动。移动的位数由 N 决定。向左移 N 位相当于累加器的内容乘以 2^N，向右移 N 位相当于累加器的内容除以 2^N。移位指令在逻辑控制中使用也很方便。

移位指令及应
用-彩灯花样的
PLC 控制

（1）左移指令（SHL）　当左移指令（SHL）的EN位为高电平"1"时，将执行左移指令，将IN端指定的内容左移N端指定的位数，结果装载到OUT端指定的目的地址中。参数N用于指定将指定值移位的位数。左移指令（SHL）和参数见表5-19。

【关键点】可以从指令框的"？？？"下拉列表中选择该指令的数据类型。

用一个例子来说明左移指令，梯形图如图5-90所示。当I0.0常开触点闭合时，激活左移指令，IN中的字存储在MW10中，假设这个数为2#1001 1101 1111 1011，向左移4位后，OUT端的MW10中的数是2#1101 1111 1011 0000，左移指令示意图如图5-91所示。

表5-19 左移指令（SHL）和参数

LAD	参数	数据类型	说明
	EN	BOOL	允许输入
	ENO	BOOL	允许输出
	IN	位字符串、整数	移位对象
	N	USINT, UINT, UDINT	移动的位数
	OUT	位字符串、整数	移动操作的结果

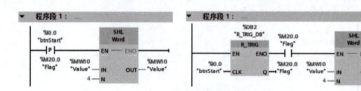

图5-90 左移指令示例

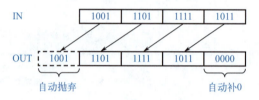

图5-91 左移指令示意图

【关键点】图5-90中的程序用到了上升沿指令，这样I0.0每闭合一次，左移4位，若没有用上升沿指令，那么闭合一次，可能左移很多次。这一点容易被忽略，读者要特别注意。移位指令一般都需要与上升沿指令配合使用。

（2）循环左移指令（ROL） 当循环左移指令（ROL）的EN位为高电平"1"时，将执行循环左移指令，将IN端指定的内容循环左移N端指定的位数，结果装载到OUT端指定的目的地址中。用移出的位填充因循环移位而空出的位。循环左移指令（ROL）和参数见表5-20。

表5-20 循环左移指令（ROL）和参数

LAD	参数	数据类型	说明
	EN	BOOL	允许输入
	ENO	BOOL	允许输出
	IN	位字符串、整数	要循环移位的值
	N	USINT, UINT, UDINT	将值循环移动的位数
	OUT	位字符串、整数	循环移动的结果

【关键点】可以从指令框的"？？？"下拉列表中选择该指令的数据类型。

用一个例子来说明循环左移指令（ROL）的应用，梯形图如图5-92所示。当I0.0常开触点闭合时，激活双字循环左移指令，IN中的双字存储在MD10中，假设这个数为2#1001 1101 1111 1011 1001 1101 1111 1011，除最高4位外，其余各位向左移4位后，双字的最高4位循环到双字的最低4位，结果是OUT端的MD10中的数为2#1101 1111 1011 1001 1101 1111 1011 1001，其示意图如图5-93所示。

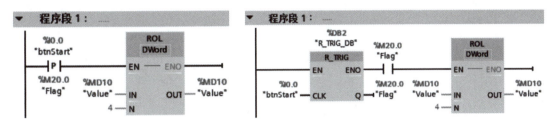

图5-92　双字循环左移指令示例

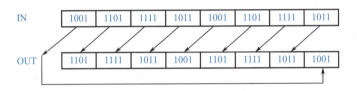

图5-93　双字循环左移指令示意图

案例 5-15　——广告灯运行的PLC控制——

任务描述

有16盏广告灯，PLC上电后压下起动按钮，1~4盏亮，1s后5~8盏亮，1~4盏灭，如此不断循环。当压下停止按钮，再压起动按钮，则从头开始循环亮灯。要求设计电气原理图，并编写梯形图程序。

解题步骤

（1）设计电气原理图　电气原理图如图5-94所示。按照工程规范要求，停止按钮SB2接常闭触点，梯形图应与之对应，即图5-95中程序段1的I0.1为常开触点。

（2）组态与编写控制程序

① 创建新项目"广告灯"，添加CPU1212C和SM1222（16点继电器输出）模块，此步骤可参考4.6。如图5-96所示，选中"设备概览"选项卡，I地址下方的0代表IB0，即I0.0~I0.7，本例按钮占用地址I0.0和I0.1。"2…3"代表QB2和QB3，即QW2，本例的16盏灯占用地址QW2。以上地址编程时必须与之对应。

② 编写程序。梯形图程序如图5-95所示，当压下起动按钮SB1时，1~4盏灯亮，1s后，执行循环指令，1~4盏灯灭，5~8盏灯亮，1s后，执行循环指令，5~8盏灯灭，9~12盏灯亮，如此循环。当压下停止按钮，所有灯熄灭。

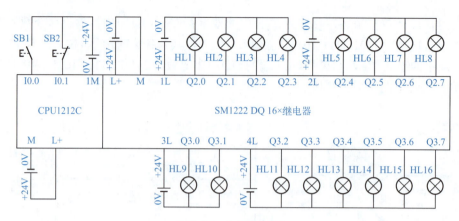

图5-94　电气原理图

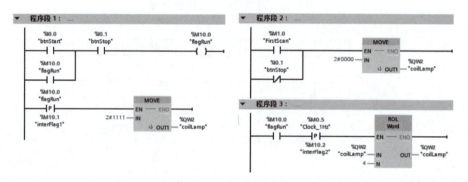

图5-95　梯形图

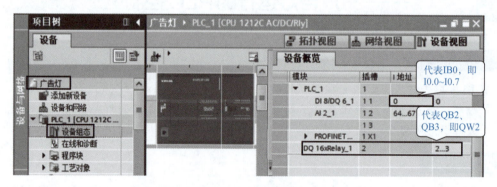

图5-96　创建新项目，添加CPU和SM1222

【关键点】在工程项目中，移位和循环指令并不是必须使用的常用指令，但合理使用移位和循环指令会使程序变得很简洁。

5.7　编程指令综合应用

案例 5-16	——— 电加热炉的PLC控制 ———

任务描述

有一个电加热炉，其控制要求如下。

① 当水位低于低限位 SQ1 时，加水阀自动补水，高于高限位 SQ2 时，停止补水。

② 当温度低于 92℃ 时，开始加热，高于 99℃ 时，停止加热，水位低于低限位 SQ1 时，不能加热。

③ 加热时，显示红灯，停止加热时，显示绿灯，可实时测量温度。

要求设计电气原理图，编写控制程序。

解题步骤

（1）设计电气原理图　设计电气原理图如图 5-97 所示。KA1 驱动补水电磁阀，KA2 驱动电加热器。

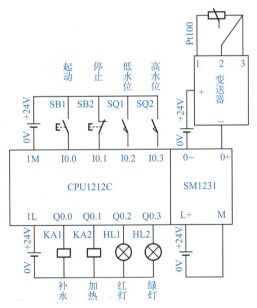

图 5-97　电气原理图

（2）编写程序　梯形图程序如图 5-98 所示。程序解读如下。

程序段1：加热炉系统的起停控制。

程序段2：当水位低于低限位时，I0.2 常闭触点接通，Q0.0 线圈得电自锁，补水阀补水，当水位高于高限位时，I0.3 的常闭触点断开，Q0.0 断电，停止补水。

程序段3：温度测量，温度数值保存在 MD30 中。

　　程序段 4：当温度低于 92℃时，Q0.1 线圈得电自锁，开始加热，当温度高于 99℃时，Q0.1 线圈断电，停止加热，任何时候，若水位低于低水位，I0.2 常开触点断开，不能加热。

　　程序段 5：正常加热时，Q0.1 常开触点闭合，点亮红灯；不加热时，Q0.1 常闭触点闭合，点亮绿灯。

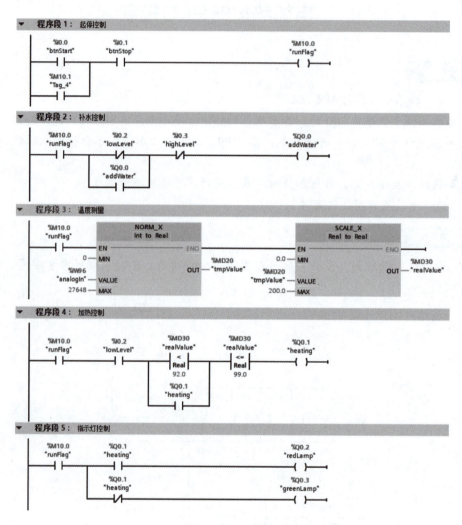

图 5-98　梯形图

习题 5

函数、函数块、数据块和组织块 及编程方法

▌ 学习目标 ▐

- 掌握S7-1200 PLC的函数、函数块、数据块和组织块及其应用。
- 掌握功能图。
- 掌握PLC逻辑控制程序的设计方法。

6.1 块、函数和组织块

用函数、函数块、数据块和组织块编程是西门子大中型PLC的一个特色，可以优化程序结构，便于程序设计、调试和阅读等。通常成熟的PLC工程师不会把所有的程序写在主程序中，而会合理使用函数、函数块、数据块和组织块进行编程。

6.1.1 块的概述

（1）块的简介　操作系统包含了用户程序和系统程序，操作系统已经固化在CPU中，它提供CPU运行和调试的机制。CPU的操作系统是按照事件驱动扫描用户程序的。用户程序写在不同的块中，CPU按照执行的条件成立与否来判断是否执行相应的程序块或者访问对应的数据块。用户程序则是为了完成特定的控制任务，由用户编写的程序。用户程序通常包括组织块（OB）、函数（FC）、函数块（FB）和数据块（DB）。用户程序中块的说明见表6-1。

（2）块的接口　块的接口中包含块所用到的局部变量和局部常量，而局部变量又包含块参数和局部数据。

块参数是在调用块与被调用块之间传递的数据，包括输入、输出和输入/输出参数。

局部数据用于存储中间结果，包含静态局部数据、临时局部数据和常量。静态局部数据和临时局部数据是仅供逻辑块自身使用的数据。块的接口的局部变量和局部常量见表6-2。

图6-1所示为块调用的分层结构的一个例子，组织块OB1（主程序）调用函数块FB1，FB1调用函数块FB10，组织块OB1（主程序）调用函数块FB2，函数块FB2调用函数FC5，函数FC5调用函数FC10。

表6-1　用户程序中块的说明

块的类型	属性	备注
组织块（OB）	●用户程序接口 ●优先级（1~26） ●在局部数据堆栈中指定开始信息	过去范围是OB1~OB122，现在OB123以上的可以由用户定义功能
函数（FC）	●参数可分配（必须在调用时分配参数） ●没有存储空间（只有临时局部数据）	过去称功能
函数块（FB）	●参数可分配（可以在调用时分配参数） ●具有（收回）存储空间（静态局部数据）	过去称功能块
数据块（DB）	●结构化的局部数据存储（背景数据块DB） ●结构化的全局数据存储（在整个程序中有效）	新增了优化访问数据块

表6-2　块的接口的局部变量和局部常量

局部数据名称	参数类型	说明
输入	Input	为调用模块提供数据，输入给逻辑模块
输出	Output	从逻辑模块输出数据结果
输入/输出	InOut	参数值既可以输入，也可以输出
静态局部数据	Static	静态局部数据存储在背景数据块中，块调用结束后，变量被保留。仅FB有此参数，此参数使用灵活，应重点掌握
临时局部数据	Temp	临时局部数据存储于L堆栈中，只保留一个周期的临时本地数据。OB、FC、FB均有此参数
常量	常量	在块中使用且带有声明符号名的常量

图6-1　块调用的分层结构

函数（FC）及其应用 - 三相异步电动机起停控制

6.1.2　函数（FC）及其应用

1）函数（FC）简介

① 函数（FC）是用户编写的程序块，也称为功能。由于函数没有可以存储块参数值的背景数据块，因此调用函数时，必须给所有形参分配实参。

② FC里包含块参数和局部数据。块参数里有：Input（输入参数）、Output（输出参数）、InOut（输入/输出参数）、Temp（临时数据）、Return（返回值Ret_Val）。Input（输入参数）将数据传递到被调用的块中进行处理。Output（输出参数）是将FC执行的结果传递到用户程序。InOut（输入/输出参数）将用户数据传递到被调用的块FC中，在被调用的FC中处理数据后，再将FC执行的结果传递到用户程序。Temp（临时数据）是块的本地数据（由L存

储），并且在处理块时将其存储在本地数据堆栈。关闭并完成处理后，临时数据就变得不再可访问。Return包含返回值Ret_Val。

2）函数（FC）的应用

函数（FC）类似于高级语言中的子程序，用户可以将具有相同控制过程的程序编写在FC中，然后在主程序中调用，这样处理能提高程序的可读性和执行效率。函数和后续的函数块的命名方法，建议采用帕斯卡命名法，即所有单词首字母为大写，再加上函数的编号，如"FC18_LampControl"。

创建函数的步骤是：先建立一个项目，再在TIA Portal软件项目视图的项目树中选中"已经添加的设备"（如：PLC_1）→"程序块"→"添加新块"，即可弹出要插入函数的界面。以下用一个例题讲解函数（FC）的应用。

【例6-1】用函数FC编程，实现电动机的起停控制。

【答】① 在TIA Portal软件中，新建一个项目，本例为"起停控制FC"，再添加CPU1211C模块，如图6-2所示，此过程参考4.6。在项目视图的项目树中，选中已经添加的设备"PLC_1"→"程序块"，双击"添加新块"，弹出添加块界面，如图6-3所示。

② 如图6-3所示，在"添加新块"界面中，选择创建块的类型为"函数"，再输入函数的名称（本例为FC1_On-offControl），之后选择编程语言（本例为LAD），最后单击"确定"按钮，新创建的函数随之打开，且是个空的函数。

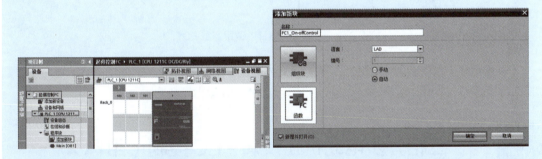

图6-2　新建项目，添加CPU模块　　　　　　　图6-3　添加新块

③ 函数"FC1_On-offControl"已经打开，在"块接口"中，先选中Input（输入参数），新建参数"Start"和"Stop"，数据类型为"Bool"。再选中InOut（输入/输出参数），新建参数"Motor"，数据类型为"Bool"，如图6-4所示。最后在程序段1中输入程序，如图6-5所示，注意参数前都要加前缀"#"。

图6-4　新建输入/输出参数

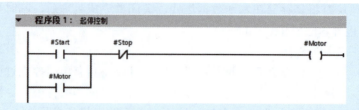

图6-5　函数FC1_On-offControl

④ 在TIA Portal软件项目视图的项目树中，双击"Main[OB1]"，打开主程序块"Main[OB1]"，选中新创建的函数"FC1_On-offControl"，并将其拖拽到程序编辑器中，如图6-6所示。

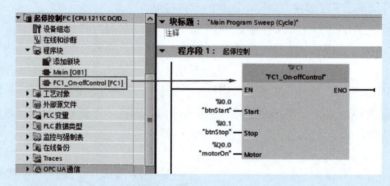

图6-6　在Main[OB1]中调用函数FC1

【关键点】本例的参数#Motor，不能定义为输出参数（Output）。因为图6-5程序中参数#Motor既是输入参数，也是输出参数，所以定义为输入/输出参数（InOut）。

案例 6-1 ——三相异步电动机正反转PLC控制（用FC）——

任务描述

用S7-1200 PLC控制一台三相异步电动机的正反转，要求设计电气原理图，并使用函数编写梯形图程序。

函数（FC）及其应用-三相异步电动机正反转控制

解题步骤

（1）设计电气原理图　设计电气原理图如图6-7所示。有两点说明如下。

① 图6-7中，停止按钮SB3为常闭触点，主要基于安全原因，是符合工程规范的，不应设计为常开触点。

② 在硬件回路中KM1和KM2的常闭触点起互锁作用，不能省略，若省略硬件触点的互锁，当一个接触器的线圈断电后，其触点没有及时断开时，会发生短路。特别注意，仅依靠程序中的互锁，并不能保证避免发生短路故障。

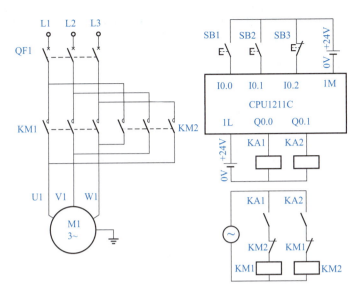

图6-7 电气原理图

（2）硬件组态

① 新建一个项目，本例为"正反转FC"，再添加CPU1211C模块，如图6-8所示，此组态过程参考4.6。在TIA Portal软件项目视图的项目树中，选中已经添加的设备"PLC_1"→"程序块"，双击"添加新块"，弹出添加块界面，如图6-3所示。

② 如图6-3所示，在"添加新块"界面中，选择创建块的类型为"函数"，再输入函数的名称（本例为FC1_On-offControl），之后选择编程语言（本例为LAD），最后单击"确定"按钮，新创建的函数随之打开，且是个空的函数。

（3）编写控制程序 函数FC1_On-offControl中的程序和块接口参数表如图6-9所示，已经打开的函数FC1_On-offControl的上方是块接口（参数表），按图输入变量，注意#Stop带"#"，表示此变量是区域变量。如图6-10所示，OB1中的程序是主程序，"btnStop"（I0.2）是常闭触点（"btnStop"带引号，表示全局变量），与图6-7中的SB3的常闭触点对应。注意，#Motor既有常开触点输入，又有线圈输出，所以是输入/输出变量，不能用输出变量代替。

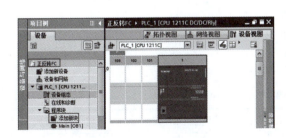

图6-8 新建项目，添加CPU模块

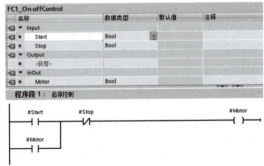

图6-9 FC1_On-offControl中的程序和参数表

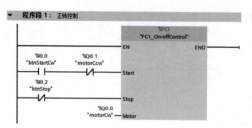 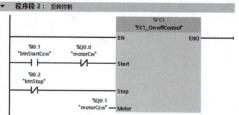

图6-10　OB1 中的程序

6.1.3　组织块（OB）及其应用

组织块（OB）及其应用

组织块（OB）是操作系统与用户程序之间的接口。组织块由操作系统调用，控制循环中断程序执行、PLC 启动特性和错误处理等。

1）中断的概述

（1）中断过程　中断处理用来实现对特殊内部事件或外部事件的快速响应。CPU 检测到中断请求时，立即响应中断，调用中断源对应的中断程序，即组织块 OB。执行完中断程序后，返回被中断的程序处继续执行程序。例如在执行主程序块 OB1 时，时间中断块 OB10 可以中断主程序块 OB1 正在执行的程序，转而执行中断程序块 OB10 中的程序，当中断程序块中的程序执行完成后，再转到主程序块 OB1 中，从断点处执行主程序。中断过程示意图如图6-11 所示。

图6-11　中断过程示意图

事件源就是能向 PLC 发出中断请求的中断事件，例如日期时间中断、延时中断、循环中断和编程错误引起的中断等。

（2）OB 的优先级　执行一个组织块 OB 的调用，可以中断另一个 OB 的执行。一个 OB 是否允许另一个 OB 中断取决于其优先级。S7-1200/1500 PLC 支持优先级范围1～26，1最低，26最高。高优先级的 OB 可以中断低优先级的 OB。例如 OB10 的优先级是2，而 OB1 的优先级是1，所以 OB10 可以中断 OB1。OB 的优先级示意图如图6-12所示。组织块的类型和优先级见表6-3。

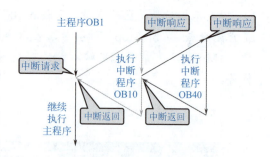

图6-12　OB 的优先级示意图

表6-3　组织块的类型和优先级（部分）

事件源的类型	优先级（默认优先级）	可能的 OB 编号	支持的 OB 数量
启动	1	100，≥123	≥0
循环程序	1	1，≥123	≥1
时间中断	2	10～17，≥123	最多2个

续表

事件源的类型	优先级（默认优先级）	可能的 OB 编号	支持的 OB 数量
延时中断	3、4、5、6	20～23，≥123	最多 4 个
循环中断	8～17	30～38，≥123	最多 4 个
硬件中断	18	40～47，≥123	最多 50 个
时间错误	22 或 26	80	0 或 1
诊断中断	5	82	0 或 1
插入/取出模块中断	6	83	0 或 1
机架故障或分布式 I/O 的站故障	6	86	0 或 1

说明：

① 在 S7-300/400 CPU 中只支持一个主程序块 OB1，而 S7-1200/1500 PLC 可支持多个主程序，但第二个主程序的编号从 123 起，由组态设定，例如 OB123 可以组态成主程序；

② 循环中断可以是 OB30～OB38；

③ S7-300/400 CPU 的启动组织块有 OB100、OB101 和 OB102，但 S7-1200/1500 PLC 不支持 OB101 和 OB102。

2）启动组织块及其应用

启动组织块（Startup）在 PLC 的工作模式从 STOP 切换到 RUN 时执行一次。完成启动组织块扫描后，将执行主程序循环组织块（如 OB1）。启动组织块很常用，主要用于初始化。以下用一个例子说明启动组织块的应用。

【例6-2】编写一段初始化程序，将 S7-1200 PLC 的 MB20～MB23 单元清零。

【解】一般初始化程序在 CPU 一启动后就运行，所以可以使用 OB100 组织块。

在 TIA Portal 软件中，新建一个项目，添加 CPU1211C 模块，再在项目视图的项目树中，双击"添加新块"，弹出"添加新块"对话框，如图6-13所示，选中"组织块"和"Startup"选项，再单击"确定"按钮，即可添加启动组织块。

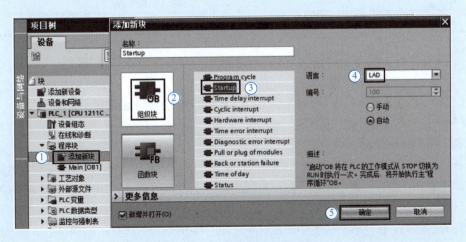

图6-13　添加"启动"组织块 OB100

字节MB20~MB23实际上就是MD20，启动组织块OB100中的程序如图6-14所示。

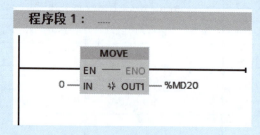

图6-14　OB100中的程序

3）主程序（OB1）

CPU的操作系统循环执行OB1。当操作系统完成启动后，将启动执行OB1。在OB1中可以调用函数（FC）和函数块（FB）。

执行OB1后，操作系统发送全局数据。重新启动OB1之前，操作系统将过程映像输出表写入输出模块中，更新过程映像输入表以及接收CPU的全局数据。

4）循环中断组织块及其应用

所谓循环中断就是经过一段固定的时间间隔后中断用户程序，不受扫描周期限制，循环中断很常用，例如在PID运算时经常使用。

（1）指令简介　循环中断组织块是很常用的，S7-1200 PLC最多支持4个循环中断OB，循环中断组织块循环中断OB的编号必须为30~38，或大于等于123。设置循环中断参数（SET_CINT）指令的参数见表6-4。

表6-4　设置循环中断参数（SET_CINT）指令的参数

参数	声明	数据类型	参数说明
OB_NR	INPUT	OB_CYCLIC	OB 的编号
CYCLE	INPUT	UDInt	时间间隔（微秒）
PHASE	INPUT	UDInt	相移（微秒）
RET_VAL	OUTPUT	INT	如果出错，则RET_VAL的实际参数将包含错误代码

（2）循环中断组织块的应用

【例6-3】每隔100ms时间，CPU1211C采集一次其通道0上的模拟量数据。

【解】很显然要使用循环组织块，解法如下。

在TIA Portal软件项目视图的项目树中，双击"添加新块"，弹出如图6-15所示的界面，选中"组织块"和"Cyclic interrupt"，循环时间定为"100ms"，单击"确定"按钮。这个步骤的含义是：设置组织块OB30的循环中断时间是100ms，再将组态完成的硬件下载到CPU中。

打开OB30，在程序编辑器中输入程序，如图6-16所示，运行的结果是每100ms将通道0采集到的模拟量转化成数字量送到MW20中。

图6-15 添加组织块OB30

打开OB1，在程序编辑器中输入程序，如图6-17所示，I0.0常开触点闭合时，启动循环中断，OB30的循环周期是100ms（100000 μs），当I0.1常开触点闭合时，OB30停止循环中断。

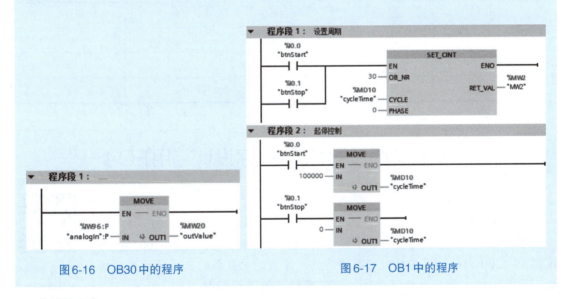

图6-16 OB30中的程序　　　　　　　图6-17 OB1中的程序

【关键点】

① 当CYCLE ≠ 0时，按照CYCLE值循环，当CYCLE=0时，停止循环。利用这个特点可以控制循环组织块（如OB30）起动和停止循环

② 注意CYCLE的循环时间单位是 μs。

5）延时中断组织块

延时中断组织块（如OB20）可实现延时执行某些操作，调用"SRT_DINT"指令时开始计时延时时间（此时开始调用相关延时中断）。其作用类似于定时器，但PLC中普通定时器的定时精度要受到不断变化的扫描周期的影响，使用延时中断可以达到以ms为单位的高精度延时。

延时中断默认范围是OB20～OB23，其余可组态OB编号123以上组织块。S7-1200 PLC最多支持4个延时中断OB。

6）硬件中断组织块

硬件中断组织块（如OB40）用于快速响应信号模块（SM）、通信模块（CM）的信号变化。

硬件中断被模块触发后，操作系统将自动识别是哪一个槽的模块和模块中哪一个通道产生的硬件中断。硬件中断OB执行完后，将发送通道确认信号。

7）错误处理组织块

S7-1200/1500 PLC具有错误（或称故障）检测和处理能力。错误是指PLC内部的功能性错误，而不是外部设备的故障。CPU检测到错误后，操作系统调用对应的组织块，用户可以在组织块中编程，对发生的错误采取相应的措施，例如在要调用的诊断组织块OB82中编写报警或者执行某个动作（如关断阀门）的程序。

当CPU检测到错误时，会调用对应的组织块，见表6-5。如果没有相应的错误处理OB，CPU可能会进入STOP模式（S7-300/400没有找到对应的OB，则直接进入STOP模式）。用户可以在错误处理OB中编写如何处理这种错误的程序，以减小或消除错误的影响。

表6-5　错误处理组织块

OB号	错误类型	优先级
OB80	时间错误	22
OB82	诊断中断	5
OB83	插入/取出模块中断	6
OB86	机架故障或分布式I/O的站故障	6

案例 6-2 ——数字滤波器PLC程序设计（用FC）——

任务描述

数字滤波控制
程序设计

某系统采集一路模拟量（温度），温度传感器的测量范围是0～100℃，要求用S7-1200 PLC对温度值进行数字滤波，算法是把最新的三次采样数值相加，取平均值，作为最终温度值，当温度超过90℃时报警，每100ms采集一次温度。要求设计电气原理图，并使用函数编写梯形图程序。

解题步骤

（1）设计电气原理图　设计电气原理图如图6-18所示。Pt100与专用的变送器相连，变送器是二线制的，因此变送器、24V电源和SM1231模拟量模块串联在一起。

（2）组态和编写控制程序

① 在TIA Portal中，新建一个项目，本例为"数字滤波器FC"，再添加CPU1212C和SM1231模块，如图6-19所

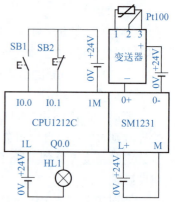

图6-18　电气原理图

示，此组态过程参考4.6。在TIA Portal软件项目视图的项目树中，选中已经添加的设备"PLC_1"→"程序块"，双击"添加新块"，弹出"添加新块"对话框，如图6-20所示。

② 如图6-20所示，在"添加新块"中，选择创建块的类型为"函数"，再输入函数的名称（本例为FC1_DataFilter），之后选择编程语言（本例为LAD），最后单击"确定"按钮，新创建的函数随之打开，且是个空的函数。

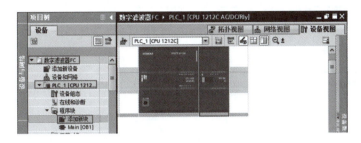

图6-19　新建项目，添加CPU模块

图6-20　添加新块

③ 已经打开的函数块FC1_DataFilter的上方是块接口（参数表），在块接口"Input"中，新建1个参数，并创建输入参数"GatherV"即采样输入值，创建输出参数"ResultV"即数字滤波的结果，创建临时变量"tmpValve1""tmpValve2"，临时变量参数既可以在方框的输入端，也可以在方框的输出端，应用比较灵活，如图6-21所示。

④ 在FC1_DataFilter中，编写滤波梯形图程序，如图6-22所示。变量"earlyValue"（当前数值）、"lastValue"（上一个数值）和

FC1_DataFilter		
	名称	数据类型
1	▼ Input	
2	■ GatherV	Int
3	▼ Output	
4	■ ResultV	Real
5	▼ InOut	
6	■ <新增>	
7	▼ Temp	
8	■ tmpValue1	Int
9	■ tmpValue2	Real

图6-21　新建参数

"lastestValue"（上上个数值）都是整数类型，每次用最新采集的数值，替代最早的数值，然后取平均值。

注意：a.CALCULATE指令的数据类型是DInt，不能是Int，因为当CALCULATE指令

的数据类型是Int，MW60、MW62、MW64三者之和大于32767时就出错。b.虽然输入参数和输出参数的数据类型是Int，而CALCULATE指令的数据类型是Dint，数据类型不一致，但这是合法的。

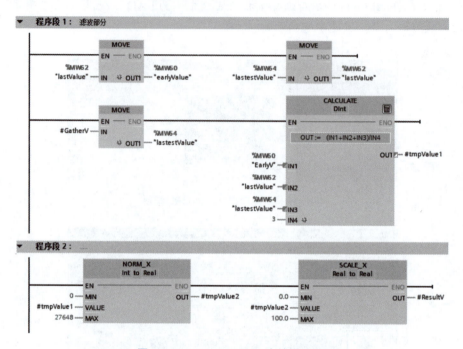

图6-22　FC1_DataFilter中的梯形图

⑤ 在 OB30中，编写梯形图程序如图6-23所示。由于温度变化较慢，没有必要每个扫描周期都采集一次，因此温度采集程序在OB30中，每100ms采集一次更加合适。

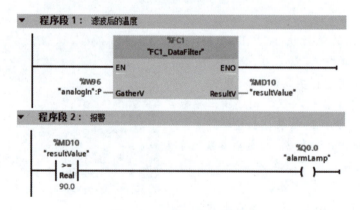

图6-23　OB30中的梯形图

⑥ 在OB1中，编写梯形图程序，程序如图6-17所示。

6.2 数据块和函数块

数据块（DB）及其应用

6.2.1 数据块（DB）及其应用

（1）数据块（DB）简介　数据块用于存储用户数据及程序中间变量。新建数据块时，默认状态是优化的存储方式，且数据块中存储的变量是非保持的。数据块占用 CPU 的装载存储区和工作存储区，与标识存储器的功能类似，都是全局变量，不同的是，M 数据区的大小在 CPU 技术规范中已经定义，且不可扩展，而数据块存储区由用户定义，最大不能超过工作存储区或装载存储区。S7-1200/1500 PLC 的优化的数据块的存储空间要比非优化数据块（也称为标准访问数据块）的空间大得多，但其存储空间与 CPU 的类型有关。

有的程序（如一些通信程序）中，只能使用非优化数据块，其他的多数情形可以使用优化和非优化数据块，但应优先使用优化数据块。优化访问有如下特点。

① 优化访问速度快。

② 地址由系统分配。

③ 只能符号寻址，没有具体的地址，不能直接由地址寻址。

④ 功能多。

按照功能，数据块 DB 可以分为全局数据块、背景数据块和基于数据类型（用户定义数据类型、系统数据类型和数组类型）的数据块。

（2）数据块的寻址

① 数据块非优化访问采用绝对地址访问，其地址访问举例如下。

双字：DB1.DBD0。

字：DB1.DBW0。

字节：DB1.DBB0。

位：DB1.DBX0.1。

② 数据块的优化访问采用符号访问和片段（SLICE）访问，片段访问举例如下。

双字：DB1.a.%D0。

字：DB1.a.%W0。

字节：DB1.a.%B0。

位：DB1.a.%X0。

注：实数和长实数不支持片段访问。S7-300/400 的数据块没有优化访问，只有非优化访问。

（3）全局数据块（DB）及其应用　全局数据块用于存储程序数据，因此，数据块包含用户程序使用的变量数据。一个程序中可以创建多个数据块。全局数据块必须创建后才可以在程序中使用。数据块在工程中极为常用，例如通信场合传输数据，再如一套伺服驱动系统有较多的数据时，可创建一个数据块，把程序中要用到的数据保存在这个数据块中，便于查找、编程和设备的诊断，十分便利。

以下用一个例题来说明数据块的应用。

【例6-4】用数据块实现电动机的起停控制，并把采集的温度数值保存在数据块中。

【答】

① 新建一个项目，本例为"块"，并添加CPU1211C，如图6-24所示，在项目视图的项目树中，选中并单击"CPU模块"（本例为PLC_1）→"程序块"，双击"添加新块"，弹出"添加新块"对话框。

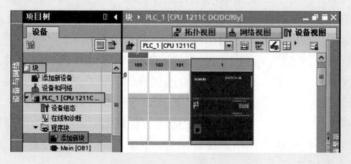

图6-24 新建项目，添加CPU模块

② 如图6-25所示，在"添加新块"界面中，选中"添加新块"的类型为DB，输入数据块的名称，再单击"确定"按钮，即可添加一个新的数据块，但此数据块中没有数据。

③ 如图6-26所示，在已经打开的"DB1"中新建三个变量，若是非优化访问，DB1.Start地址实际就是DB1.DBX0.0，优化访问没有具体地址，只能进行符号寻址。数据块创建完毕，一般要立即编译，否则容易出错。

④ 在"程序编辑器"中，编写如图6-27所示的程序。

图6-25 "添加新块"界面

DB1				
	名称	数据类型	起始值	保持	从 HMI...
▼	Static			☐	☐
■	Start	Bool	false	☐	☑
■	Stop	Bool	false	☐	☑
■	Temperure	Int	0	☐	☑

图6-26 新建变量

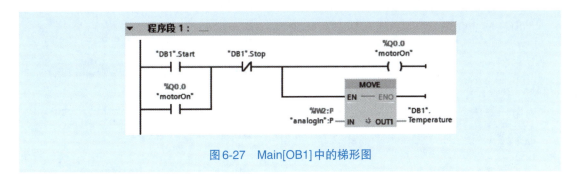

图6-27 Main[OB1]中的梯形图

在数据块创建后，在全局数据块的属性中可以切换存储方式。在项目视图的项目树中，选中并单击"DB1"，右击鼠标，在弹出的快捷菜单中，单击"属性"选项，弹出如图6-28所示的界面，选中"属性"，如果取消"优化的块访问"，则切换到"非优化存储方式"，这种存储方式与S7-300/400兼容。

如果是"非优化存储方式"，可以使用绝对地址方式访问该数据块（如DB1.DBX0.0），如果是"优化存储方式"则只能采用符号方式访问该数据块（如"DB1".Start）。

图6-28 全局数据块存储方式的切换

（4）数组DB及其应用 数组DB是一种特殊类型的全局数据块，它包含一个任意数据类型的数组，其数据类型可以为基本数据类型，也可以是PLC数据类型。创建数组DB时，需要输入数组的数据类型和数组上限，创建完数组DB后，可以修改其数组上限，但不能修改数据类型。数组DB始终启用"优化块访问"属性，不能进行标准访问，并且为非保持型属性，不能修改为保持属性。

数组DB在S7-1200/S7-1500 PLC中较为常用，以下的例子是用数据块创建数组。

【例6-5】用数据块创建一个数组Array[0..5]，名称为ary，数组中包含6个整数，并编写程序把模拟量通道IW2采集的数据保存到数组的第2个元素中。

【解】

① 新建项目，进行硬件组态，并创建共享数据块DB1，并打开数据块"DB1"，创建方法参考【例6-4】。

② 在DB1中创建数组。数组名称ary，数组为Array[0..5]，表示数组中有6个元素，Int表示数组元素的数据为整数，如图6-29所示，保存创建的数组。

③ 在Main[OB1]中编写梯形图程序，如图6-30所示。

图6-29　创建数组 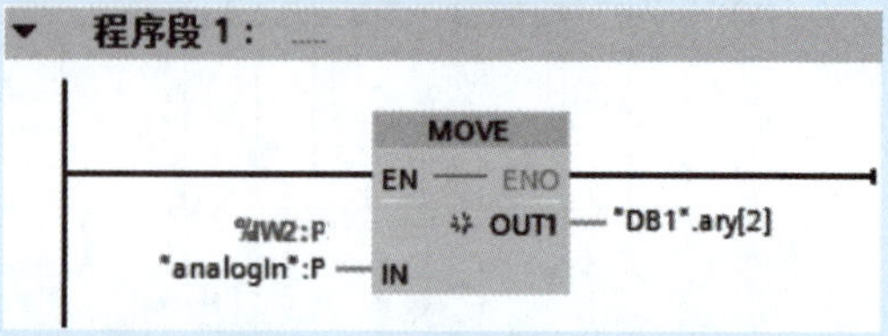　　　　　　　　图6-30　Main[OB1]中的梯形图

【关键点】

① 数据块在工程中，特别是在PLC与上位机（HMI、DCS等）通信时极为常用，是学习的重难点，初学者往往重视不够。

② 优化访问的数据块没有具体地址，因而只能采用符号寻址。非优化访问的数据块可以地址寻址。

③ 数据块创建和修改完成后，不要忘记编译数据块，否则后续使用时，可能会出现"？？？"（如图6-31所示）或者错误（如图6-32所示）。

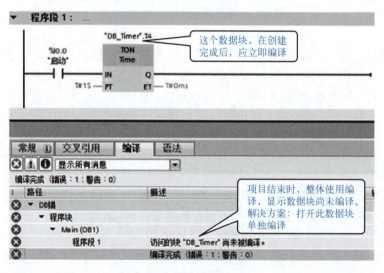

图6-31　数据块未编译（1）

图6-32　数据块未编译（2）

6.2.2　函数块（FB）及其应用

函数块（FB）属于编程者自己编程的块，也称为功能块，类似于高级语言的子程序。函数块有一个专门保存其参数的数据存储区，即背景数据块，这是函数块与函数最为明显的区别。正是有了背景数据块，函数块与函数相比，功能更强大。

传送到 FB 的参数和静态变量（静态局部数据）保存在背景数据块 DB 中。临时变量（临时局部数据）则保存在本地数据堆栈中。执行完 FB 时，不会丢失 DB 中保存的数据，但会丢失保存在本地数据堆栈中的数据。这是静态局部数据与临时变量的主要区别。

推荐定义临时局部数据加前缀 tmp，如 "tmpValue"，定义静态局部数据加前缀 stat，如 "statValue"，这样定义便于识别。

> **案例 6-3** ———— 软起动器的起停运行 PLC 控制（用 FB）————

〈 任务描述

软起动器是降压起动电气装置，常用于大型风机的起动。

用函数块 FB 实现软起动器的起停控制。起动的前 8s 使用软起动器，之后软起动器从主回路移除，全压运行。要求设计电气原理图，并使用函数块编写梯形图程序。

函数块（FB）
及其应用-电动
机软起动控制

〈 解题步骤

（1）设计电气原理图　设计电气原理图如图 6-33 所示。注意：停止按钮接常闭触点，接触器由中间继电器驱动。

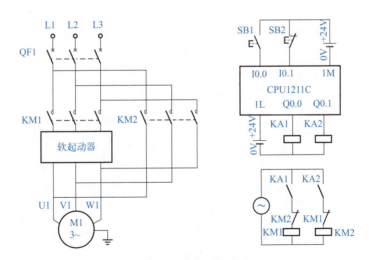

图 6-33　电气原理图

（2）起动器的项目创建

① 新建一个项目，本例为 "软起动 FB"，再添加 CPU1211C 模块，如图 6-34 所示，此过程参考前面章节。在项目视图的项目树中，选中并单击 "CPU 模块"（本例为 PLC_1）→

"程序块"，双击"添加新块"，弹出"添加新块"对话框，如图6-35所示。选中"函数块FB"，本例命名为"FB1_SoftStarter"，单击"确定"按钮，新创建的函数块随之打开，且是个空的函数块。

② 已经打开的函数块FB1_SoftStarter的上方是块接口（参数表），在块接口"Input"中，新建2个参数，如图6-36所示，注意参

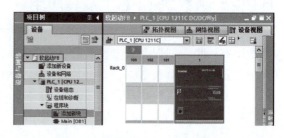

图6-34　新建项目，添加CPU模块

数的数据类型。注释内容可以空缺，注释的内容支持汉字字符。在接口"Output"中，新建2个参数。在接口"Static"中，新建2个静态局部数据，注意参数的数据类型，同时注意延时时间的默认值（设置值）不能为0，否则没有延时效果。

图6-35　创建函数块FB1_SoftStarter（FB1）

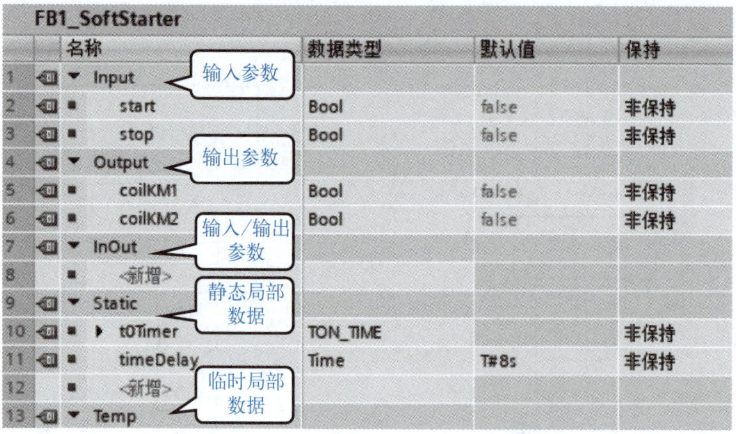

		名称		数据类型	默认值	保持
1		▼ Input	输入参数			
2		■ start		Bool	false	非保持
3		■ stop		Bool	false	非保持
4		▼ Output	输出参数			
5		■ coilKM1		Bool	false	非保持
6		■ coilKM2		Bool	false	非保持
7		▼ InOut	输入/输出参数			
8		■ <新增>				
9		▼ Static	静态局部数据			
10		▶ tOTimer		TON_TIME		非保持
11		■ timeDelay		Time	T#8s	非保持
12		■ <新增>	临时局部数据			
13		▼ Temp				

表标题： FB1_SoftStarter

图6-36　在块接口中创建参数

静态局部参数和临时局部参数是有区别的，临时局部参数保存在L中，仅在一个扫描周期内起作用，下一个扫描周期将消失，而静态局部参数保存在数据块中，下一个扫描周期不会消失，数据可以继续保留。

③ 在函数块FB1_SoftStarter的程序编辑区编写程序，梯形图如图6-37所示。

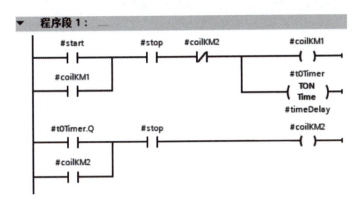

图6-37 FB1_SoftStarter（FB1）中的梯形图

④ 在项目视图的项目树中，双击"Main[OB1]"，打开主程序块"Main[OB1]"，将函数块FB1_SoftStarter拖拽到程序段1，梯形图如图6-38所示。

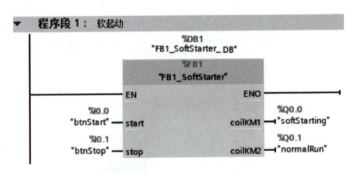

图6-38 主程序块中的梯形图

【关键点】函数FC和函数块FB都相当于子程序，这是其最明显的共同点。两者主要的区别有两点：一是函数块有静态局部数据，而函数没有静态局部数据；二是函数块有背景数据块，而函数没有。总体而言FB的功能比FC多。

6.2.3 多重背景

通常每个函数块都有一个专属的背景数据块。但是如果项目中使用的函数块多，那么背景数据块也多，过多的背景数据块显得程序凌乱，不便于管理，使用多重背景可以很好地解决此问题。

当一个函数块调用多个子函数块时，可以将子函数块的专属数据存放到该函数的背景数据块中，这种存放了多个函数块背景数据的数据块称为多重背景数据块。

比如案例6-4，使用了2个子函数块TON，但均未配置专属背景数据块，而共用了函数块FB1_StarDeltaStarter的背景数据块，这是典型的多重背景的应用案例。

案例
6-4
－三相异步电动机Y-△起动运行PLC控制（用FB）－

任务描述

用 S7-1200 PLC 控制一台三相异步电动机，实现电动机Y-△起动，要求设计电气原理图，并使用函数块和多重实例背景编写控制程序。

函数块（FB）及其应用-三相异步电动机星-三角起动控制

解题步骤

（1）设计电气原理图 设计电气原理图如图 5-52 所示。

（2）星三角起动的项目创建

① 新建一个项目，本例为"星三角起动FB"，再添加CPU1211C模块，如图 6-39 所示，此过程参考前面章节。在项目视图的项目树中，选中并单击"CPU模块"（本例为PLC_1）→"程序块"，双击"添加新块"，弹出"添加新块"对话框，如图 6-40 所示。选中"函数块FB"，在名称下方输入"FB1_StarDeltaStarter"（命名函数块），单击"确定"按钮，新创建的函数块随之打开，且是个空的函数块。

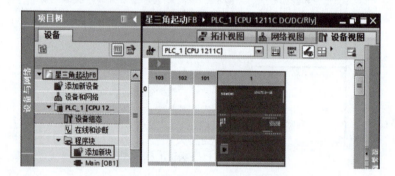

图 6-39 新建项目，添加 CPU 模块

图 6-40 创建"FB1_StarDeltaStarter"

② 已经打开的函数块FB1_StarDeltaStarter的上方是块接口（参数表），在块接口"Input"中，新建2个参数，如图6-41所示，注意参数的数据类型。注释内容可以空缺，注释的内容支持汉字字符。在接口"Output"中，新建3个参数。在接口"Static"中，新建4个静态局部数据。

③ 在函数块FB1_StarDeltaStarter（FB1）的程序编辑区编写程序，梯形图如图6-42所示。由于图5-52中SB2接常闭触点，所以梯形图中#stop为常开触点，必须对应。

④ 在项目视图的项目树中，双击"Main[OB1]"，打开主程序块"Main[OB1]"，将函数块"FB1_StarDeltaStarter"拖拽到程序段1，梯形图如图6-43所示。

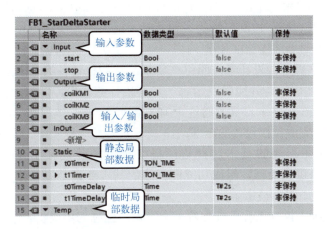

图6-41　在块的接口中创建参数

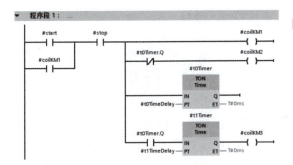

图6-42　FB1_StarDeltaStarter（FB1）中的梯形图

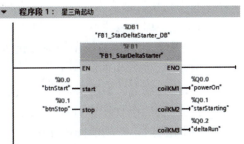

图6-43　主程序块中的梯形图

【关键点】

① 要注意参数的数据类型，同时注意默认值不能为0，否则没有延时效果，不能进行星三角起动。

② 本例将定时器（t0Timer和t1Timer）作为静态局部数据的好处是减少了两个定时器的背景数据块。所以如果函数块中用到定时器，可以将定时器作为静态局部数据，这样处理，可以减少定时器的背景数据块的使用，使程序更加简洁。

6.3 功能图

功能图的设计
方法

6.3.1 功能图的概念

功能图（SFC）是描述控制系统的控制过程、功能和特征的一种图解表示方法。它具有简单、直观等特点，不涉及控制功能的具体技术，是一种通用的语言，是 IEC（国际电工委员会）指定的编程语言，近年来在 PLC 的编程中已经得到了普及与推广。SFC 在 IEC 60848—2013 中称顺序功能表图，在国家标准 GB/T 6988.2—1997 中称功能图。

功能图是设计 PLC 顺序控制程序的一种工具，适用于系统规模较大、程序关系较复杂的场合，特别适合于对顺序操作的控制。

功能图的基本思想是：设计者按照生产要求，将被控设备的一个工作周期划分成若干个工作阶段（简称"步"），并明确表示每一步要执行的输出，"步"与"步"之间通过制定的条件进行转换，在程序中，只要通过正确连接进行"步"与"步"之间的转换，就可以完成被控设备的全部动作。

PLC 执行功能图程序的基本过程是：根据转换条件选择工作"步"，进行"步"的逻辑处理。组成功能图程序的基本要素是步、转换条件和有向连线，如图6-44所示。

（1）步 一个顺序控制过程可分为若干个阶段，也称为步或状态。系统初始状态对应的步称为初始步，初始步一般用双线框表示。在每一步中施控系统要发出某些"命令"，而被控系统要完成某些"动作"，"命令"和"动作"都称为动作。当系统处于某一工作阶段时，则该步处于激活状态，称为活动步。

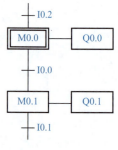

图6-44 功能图

（2）转换条件 使系统由当前步进入下一步的信号称为转换条件。顺序控制设计法用转换条件控制代表各步的编程元件，让它们的状态按一定的顺序变化，然后用代表各步的编程元件去控制输出。不同状态的"转换条件"可以不同，也可以相同。当"转换条件"各不相同时，在功能图程序中每次只能选择其中一种工作状态（称为"选择分支"），当"转换条件"都相同时，在功能图程序中每次可以选择多个工作状态（称为"选择并行分支"）。只有满足条件状态，才能进行逻辑处理与输出。因此，"转换条件"是功能图程序选择工作状态（步）的"开关"。

（3）有向连线 步与步之间的连接线称为"有向连线"，"有向连线"决定了状态的转换方向与转换途径。在有向连线上有短线，表示转换条件。当条件满足时，转换得以实现，即上一步的动作结束而下一步的动作开始，因而不会出现动作重叠。步与步之间必须有转换条件。

图6-44中的双框为初始步，M0.0 和 M0.1 是步名，I0.0、I0.1 为转换条件，Q0.0、Q0.1 为动作。当 M0.0 有效时，输出指令驱动 Q0.0。步与步之间的有向连线的箭头省略未画。

6.3.2 功能图转换成梯形图

根据步与步之间的进展情况，功能图分为三种结构：单一序列、选择序列和并行序列。具体介绍如下。

（1）单一序列　单一序列动作是一个接一个地完成，完成每步只连接一个转移，每个转移只连接一个步，功能图和梯形图是一一对应的。以下用"起-保-停电路"来讲解功能图和梯形图的对应关系。

为了便于将序列功能图转换为梯形图，采用代表各步的编程元件的地址（比如M0.2）作为步的代号，并用编程元件的地址来标注转换条件和各步的动作和命令，当某步对应的编程元件置1，代表该步处于活动状态。

标准的"起-保-停"梯形图如图6-45所示，图中I0.0的常开触点为M0.2线圈的起动条件，当I0.0的常开触点闭合（即置1）时，M0.2线圈得电；I0.1的常闭触点为M0.2线圈的停止条件，当I0.1的常闭触点断开时，M0.2线圈断电；M0.2的常开触点为M0.2线圈的保持条件。

如图6-46所示的功能图，M0.1转换为活动步的条件是M0.1步的前一步是活动步，相应的转换条件（I0.0）得到满足，即M0.1的起动条件为M0.0和I0.0同时起作用（均为1）。当M0.2转换为活动步后，M0.1转换为不活动步，因此，M0.2可以看成M0.1的停止条件。由于大部分转换条件都是瞬时信号，即信号持续的时间比其激活的后续步的时间短，因此应当使用有记忆功能的电路控制代表步的储存位。在此情况下，起动条件、停止条件和保持条件全部具备，就可以采用"起-保-停"方法设计顺序功能图和梯形图。图6-46所示的序列功能图可转换为图6-47所示的梯形图。

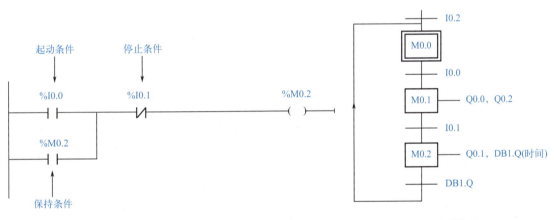

图6-45　标准的"起-保-停"梯形图　　　　图6-46　序列功能图

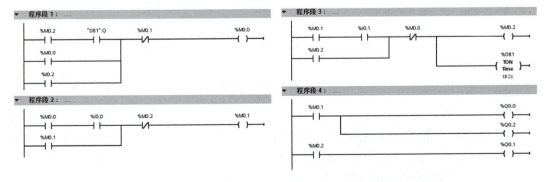

图6-47　梯形图

（2）选择序列　选择序列是指某一步后有若干个单一序列等待选择，称为分支，一般只允许选择进入一个序列，转换条件只能标在水平线之下。选择序列的结束称为合并，用一条水平线表示，水平线以下不允许有转换条件，如图 6-48 所示。

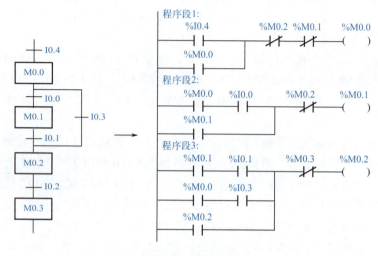

图 6-48　选择序列

（3）并行序列　并行序列是指在某一转换条件下同时起动若干个序列，也就是说转换条件实现导致几个分支同时激活。并行序列的开始和结束都用双水平线表示，如图 6-49 所示。

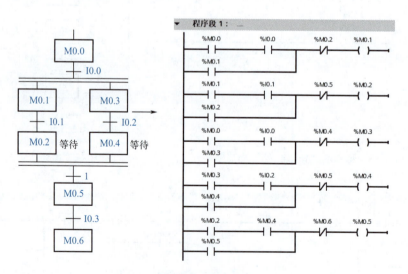

图 6-49　并行序列

（4）选择序列和并行序列的综合　如图 6-50 所示，步 M0.0 之后有一个选择序列的分支，设 M0.0 为活动步，当它的后续步 M0.1 或 M0.2 变为活动步时，M0.0 变为不活动步，即 M0.0 为 0 状态，所以应将 M0.1 和 M0.2 的常闭触点与 M0.0 的线圈串联。

步 M0.2 之前有一个选择序列合并，当步 M0.1 为活动步（即 M0.1 为 1 状态），并且转换条件 I0.1 满足，或者步 M0.0 为活动步，并且转换条件 I0.2 满足，则步 M0.2 变为活动步，所以该步的存储器 M0.2 的起 - 保 - 停电路的起动条件为 M0.1·I0.1+M0.0·I0.2，对应的起动电路由两条并联支路组成。

步 M0.2 之后有一个并行序列分支，当步 M0.2 是活动步并且转换条件 I0.3 满足时，步 M0.3 和步 M0.5 同时变成活动步，这时用 M0.2 和 I0.3 常开触点组成的串联电路，分别作为 M0.3 和 M0.5 的起动电路来实现，与此同时，步 M0.2 变为不活动步。

步 M0.0 之前有一个并行序列的合并，该转换实现的条件是所有的前级步（即 M0.4 和 M0.6）都是活动步满足。由此可知，应将 M0.4 和 M0.6 的常开触点串联，作为控制 M0.0 的起 - 保 - 停电路的起动电路。图 6-50 所示的功能图对应的梯形图如图 6-51 所示。

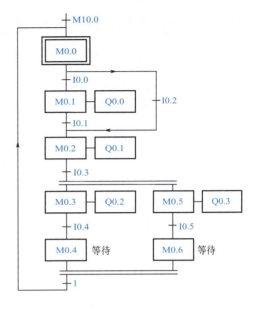

图 6-50 选择序列和并行序列功能图

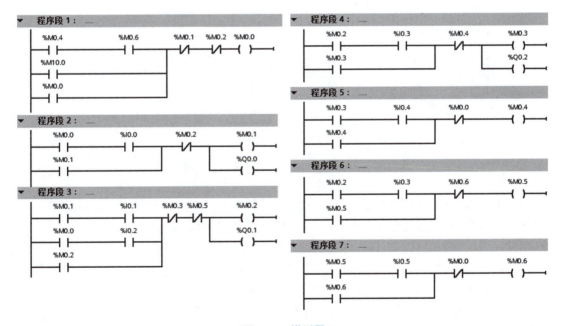

图 6-51 梯形图

6.4 PLC 逻辑控制程序的设计方法及其应用

相同的硬件系统，由不同的人设计，可能设计出不同的程序，有的人设计的程序简洁而且可靠，而有的人设计的程序虽然能完成任务，但较复杂。PLC 程序设计是有规律可遵循的，下面将详细介绍两种常用设计方法。

6.4.1 用基本指令编写逻辑控制程序（起-保-停法）

这种方法就是用基本指令的"起-保-停"进行程序设计。在前面
进行了详细的介绍，以下用一个例题进行讲解。

用基本指令编写逻辑控制
程序（起保停法）

【例6-6】图6-52为原理图，控制4盏灯的亮灭。当压下起动按钮SB1时，HL1灯亮1.8s
后灭，HL2灯亮1.8s后灭，HL3灯亮1.8s后灭，HL4灯亮1.8s后灭，如此循环。有三种停
止模式：模式1，当压下停止按钮SB2，完成一个工作循环后停止；模式2，当压下停止按
钮SB2，立即停止，压下起动按钮后，从停止位置开始完成剩下的逻辑；模式3，当压下急
停按钮SB3，所有灯灭，完全复位。

【答】根据题目的控制过程，设计功能图，如图6-53所示。

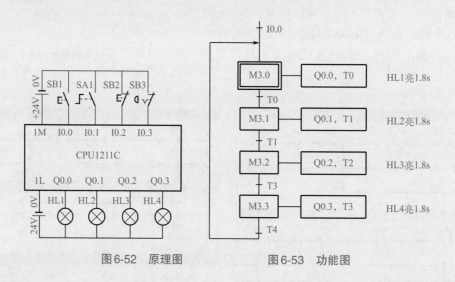

图6-52　原理图　　　　图6-53　功能图

再根据功能图，先创建数据块"DB_Timer"，并在数据块中创建4个IEC定时器（参考
图5-34和图5-35），编程控制程序如图6-54所示。以下详细解读程序。

程序段1：停止模式1，压下停止按钮SB2，I0.2的常闭触点闭合，M2.0线圈得电，
M2.0常开触点闭合，自锁；当完成一个工作循环后，定时器"DB_Timer".T3.Q的常开触
点闭合，复位位域指令将线圈M3.0～M3.7复位，系统停止运行。

程序段2：停止模式2，压下停止按钮SB2，I0.2的常闭触点闭合，M2.1线圈得电，自
锁；M2.1常闭触点断开，造成所有的定时器断电，从而使得程序"停止"在一个位置。

程序段3：停止模式3，即急停模式，立即把线圈M2.0～M2.7和M3.0～M3.7复位。

程序段4：自动运行程序。MB3=0（即M3.0～M3.7=0）压下起动按钮才能起作用，
这一点很重要，初学者容易忽略。这个程序段一共有4步，每一步一个动作（灯亮），执行
当前步的动作时，切断上一步的动作，这是编程的核心思路，有人称这种方法是"起-保-
停"逻辑编程方法。

程序段5：将梯形图逻辑运算的结果输出。

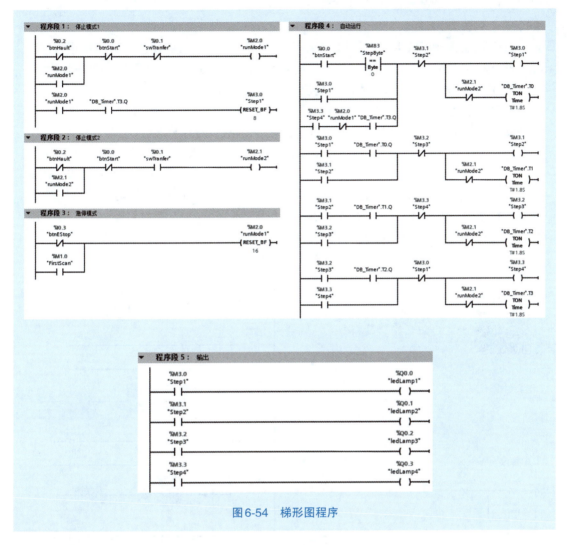

图 6-54 梯形图程序

学习小结

这个例子虽然简单，却是一个典型的逻辑控制实例，有两个重要的知识点。

① 读者要学会逻辑控制程序的编写方法。

② 要理解停机模式的应用场合、掌握编写停机程序的方法。本例的停止模式1常用于一个产品加工有多道工序，必须完成所有工序才算合格的情况；本例的停止模式2常用于设备加工过程中发生意外事件的情况，例如卡机使工序不能继续，使用模式2停机，排除故障后继续完成剩余的工序；停止模式3是急停，当发生人身和设备安全问题时使用，使设备立即处于停止状态。

6.4.2 用MOVE指令编写逻辑控制程序

用MOVE指令编写逻辑控制程序，实际就是指定一个"步号"，每一步完成一个几个动作，步的跳转由MOVE指令完成。以下用【例6-6】进行详细介绍。

【答】编写程序如图6-55所示。

程序段1：停止模式1，压下停止按钮SB2，I0.2的常闭触点闭合，M2.0线圈得电，M2.0常开触点闭合自锁，当完成一个工作循环后，定时器"DB_Timer".T3.Q的常开触点闭合，复位位域指令将线圈M3.0～M3.7复位，系统停止运行。

程序段2：停止模式2，压下停止按钮SB2，I0.2的常闭触点闭合，M2.1线圈得电，自锁，M2.1常闭触点断开，造成所有的定时器断电，从而使得程序"停止"在一个位置。

程序段3：停止模式3，即急停模式，立即把线圈M2.0～M2.7和M3.0～M3.7复位。

程序段4：是自动模式控制逻辑的核心。MB3是步号，这个逻辑过程一共有4步，每一步完成一个动作。例如MB3=1是第1步，点亮灯1，灭灯4；MB3=2是第2步，点亮灯2，灭灯1；MB3=3是第3步，点亮灯3，灭灯2；MB3=4是第4步，点亮灯4，灭灯3。这种编程方法逻辑非常简洁，在工程中常用，读者应该学会。

用MOVE指令设计逻辑控制程序

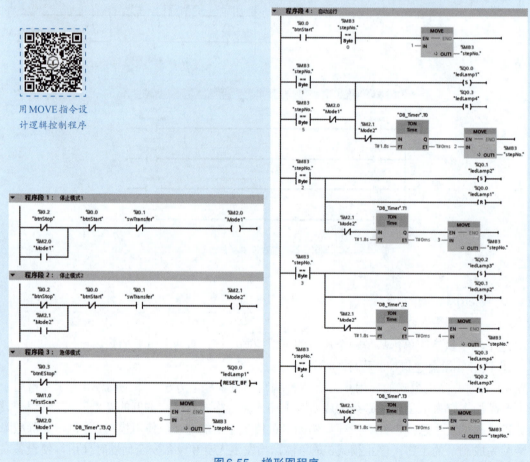

图6-55　梯形图程序

6.5　PLC程序设计综合应用

案例 6-5 ——— 逻辑控制综合应用——搅拌机的控制 ———

任务描述

用S7-1200 PLC控制搅拌机的运行，搅拌机示意图如图6-56所示。运行逻辑如下。

① 自动模式时，当压下起动按钮SB1时，默认情况下，搅拌机正转10s，然后停1s，反转10s，然后停1s，如此循环5次后停机。以上的时间和循环次数可以在HMI中修改。

② 手动模式时，2个按钮可以对正反转进行点动控制。

③ 任何时候，当压下停止按钮SB2，搅拌机立即停止，完全复位。

解题过程

（1）设计电气原理图　电气原理图如图6-57所示。

图6-56　搅拌机示意图

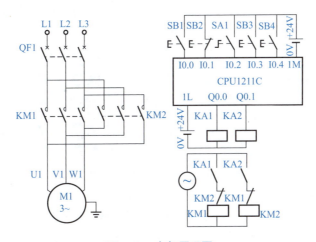

图6-57　电气原理图

（2）编写程序

① 创建数据块DB1，如图6-58所示，注意其数据类型，每个变量的含义见注释的说明。

② 创建FB1_Mixer函数块，其接口参数如图6-59所示，注意参数的数据类型，每个变量的含义见注释的说明。定时器的数据类型在下拉框中找不到，直接输入即可。

201

DB1											
		名称	数据类型	起始值	...	...	...	...		设定值	注释
1		▼ Static									
2		CycleNo	Int	0		☑	☑	☑		☐	循环次数
3		StepNo	USInt	0		☑	☑	☑		☐	步号
4		RunFwdTime	Time	T#0ms		☑	☑	☑		☐	正转时间
5		RunRevTime	Time	T#0ms		☑	☑	☑		☐	反转时间
6		StopTime	Time	T#0ms		☑	☑	☑		☐	停机时间
7		▶ C0	IEC_COUNTER			☑	☑	☑		☐	计数器
8		Reset	Bool	false	☑	☑	☑	☑		☑	计数器复位

图 6-58　创建数据块 DB1

FB1_Mixer										
		名称	数据类型	默认值	...	...	...	...	设定值	注释
1		▼ Input								
2		Start	Bool	false	...	☑	☑	☑	☐	开始
3		Stop	Bool	false	...	☑	☑	☑	☐	停止
4		FwdTime	Time	T#0ms	...	☑	☑	☑	☐	正转时间
5		RevTime	Time	T#0ms	...	☑	☑	☑	☐	反转时间
6		StopTime	Time	T#0ms	...	☑	☑	☑	☐	停止时间
7		Cycle	Int	0	...	☑	☑	☑	☐	循环次数
8		▼ Output								
9		Fwd	Bool	false	...	☑	☑	☑	☐	正转
10		Rev	Bool	false	...	☑	☑	☑	☐	反转
11		▼ InOut								
12		<新增>								
13		▼ Static								
14		▶ t0Timer	TON_TIME		...	☑	☑	☑	☐	
15		▶ t1Timer	TON_TIME		...	☑	☑	☑	☑	正转定时器
16		▶ t2Timer	TON_TIME		...	☑	☑	☑	☑	停止定时器
17		▶ t3Timer	TON_TIME		...	☑	☑	☑	☑	反转定时器
18		▶ t4Timer	TON_TIME		...	☑	☑	☑	☑	停止定时器

图 6-59　创建 FB1_Mixer 函数块

　　FB1_Mixer 函数块中的梯形图如图 6-60 所示。程序解读如下。

　　程序段 1：当 #Start 的常开触点闭合，且当前步为 0 时，当前步变为 1，计数器复位。

　　程序段 2：当前步变为 1 时，#Rev（反转）复位，#Fwd（正转）置位。定时器 #t1Timer 开始定时，当定时时间 #FwdTime 到，当前步变为 2。#Fwd（正转）复位，定时器 #t2Timer 开始定时，当定时时间 #StopTime 到，当前步变为 3，#Rev（反转）置位。定时器 #t3Timer 开始定时，当定时时间 #RevTime 到，当前步变为 4，#Rev（反转）复位。定时器 #t4Timer 开始定时，当定时时间 #StopTime 到，计数器当前值加 1，若计数器当前值不等于 5，当前步变为 5，若计数器当前值等于 5，当前步变为 0。

　　程序段 3：当 #Stop 的常开触点闭合，#Rev（反转）和 #Fwd（正转）复位，当前步变为 0，计数器复位。

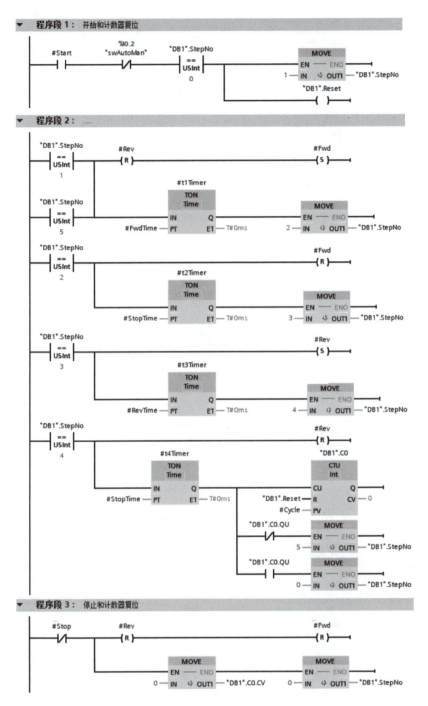

图6-60　FB1_Mixer函数块中的梯形图

③ 创建FB2_ManualControl函数块，其接口参数如图6-61所示，FB2_ManualControl函数块中的梯形图如图6-62所示。

④ 编写OB100中的程序。先创建启动组织块OB100，编写梯形图程序如图6-63所示，其作用是初始化。

⑤ 编写主程序。如图6-64所示。

图6-61　FB2_ManualControl 函数块的接口参数

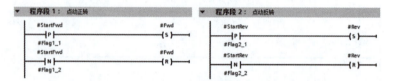

图6-62　FB2_ManualControl 函数块中的梯形图

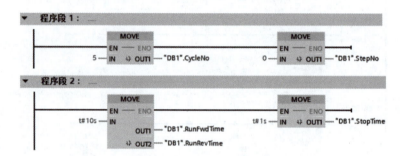

图6-63　OB100 中的梯形图

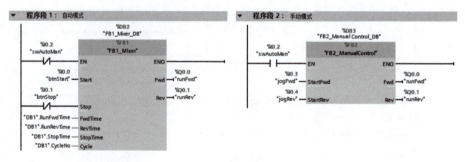

图6-64　主程序梯形图

习题6

第**7**章

S7-1200 PLC 的通信应用

▌学习目标▐

- 了解 PLC 通信常用的网络术语。

- 了解现场总线的概念和常用现场总线。

- 掌握 S7-1200 PLC 的 S7 通信及其应用。

- 了解 PROFINET IO 通信概念和执行水平。

- 掌握 S7-1200 PLC 的 PROFINET 通信。

7.1   通信基础知识

PLC 的通信包括 PLC 与 PLC 之间的通信、PLC 与上位计算机之间的通信、PLC 与现场分布式设备的通信以及和其他智能设备之间的通信等。

7.1.1   PLC 网络的术语解释

PLC 网络中的名词、术语很多，现将常用的予以介绍。

1）单工、全双工与半双工

单工、双工与半双工是通信中描述数据传送方向的专用术语。

① 单工（simplex）：指只能实现单向数据传送的通信方式，一般用于数据的输出，不可以进行数据交换。

② 全双工（full simplex）：也称双工，指可以进行双向数据传送，同一时刻既能发送数据，也能接收数据的通信方式，通常需要两对双绞线连接，通信线路成本高。例如，RS-422、RS-232C 是"全双工"通信方式。

③ 半双工（half simplex）：指可以进行双向数据传送，同一时刻，只能发送数据或者接收数据的通信方式，通常需要一对双绞线连接，与全双工相比，通信线路成本低。例如，USB、RS-485 只用一对双绞线时就是"半双工"通信方式。

2）以太网

（1）以太网的概念   以太网（Ethernet），指的是由 Xerox 公司创建，并由 Xerox、Intel 和 DEC 公司联合开发的基带局域网规范。以太网使用 CSMA/CD（载波监听多路访问及冲突检测技术），并以 10Mbit/s 的速率运行在多种类型的电缆上。以太网与 IEEE802·3 系列标准相类似。以太网不是一种具体的网络，而是一种技术规范。

（2）以太网的拓扑结构　常见的有星型、总线型和环型。

（3）以太网的通信介质　以太网可以采用多种连接介质，包括同轴缆、双绞线、光纤等，也可以无线传输。其中双绞线多用于从主机到集线器或交换机的连接，而光纤则主要用于交换机间的级联和交换机到路由器间的点到点链路上。同轴缆作为早期的主要连接介质已经逐渐趋于淘汰。双绞线的传输距离通常为 100 米以内，而单模光纤的传输距离是几十千米。

3）工业以太网

Ethernet 采用随机争用型介质访问方法，即载波监听多路访问及冲突检测技术（CSMA/CD），监听等待时间和冲突等待时间是随机的且无法预知，因此无法预测网络延迟时间，即不确定性。如果网络负载过高，网络延时时间加长，实时性也不佳。而很多工业控制场合要求通信网络（特别是现场网络）是确定的、实时的。因此，尽管以太网有诸多优点，但要用于工业现场的控制，是需要进行改造的。

与商用以太网比较，工业以太网有如下特点。

（1）通信的实时性和确定性　提高通信的实时性和确定性，首先是明确传输通道，避免冲突；其次是减少处理时间，提高响应速度。在工业以太网中通常采用的具体方法是：使用交换式集线器；采用全双工通信模式；修改 TCP（UDP）/IP 协议栈，增加实时调度来控制通信中的不确定因素；修改数据链路层协议，在实时通道内由实时 MAC 接管通信控制，避免报文冲突，简化数据处理；修改数据链路层之上的协议如改变帧结构、优化调度方式等。

（2）安全性和适应工控环境　由于工业以太网产品要在工业现场使用，对产品的材料、强度、适用性、可互操作性、可靠性、抗干扰性（屏蔽，使用超 5 类或以上）等有较高要求。

以太网包含工业以太网，常见的工业以太网标准有 PROFINET、Modbus-TCP、Ethernet/IP 和我国的 EPA 等。EPA 是以浙大中控为主的团队推出的实时以太网，是自主可控的技术，无疑是中国工控的骄傲。

7.1.2　现场总线介绍

（1）现场总线的概念　国际电工委员会（IEC）对现场总线（FieldBUS）的定义为：一种应用于生产现场，在现场设备之间、现场设备和控制装置之间实行双向、串行、多节点的数字通信网络。

现场总线介绍

现场总线的概念有广义与狭义之分。狭义的现场总线就是指基于 RS-485 的串行通信网络。广义的现场总线泛指用于工业现场的所有控制网络。广义的现场总线包括狭义现场总线和工业以太网。工业以太网已经成为现场总线的主流。近些年新增现场总线中，工业以太网占比超过 60%。

（2）主流现场总线的简介　1984 年国际电工技术委员会/国际标准协会（IEC/ISA）就开始制定现场总线的标准，然而统一的标准至今仍未完成。很多公司推出其各自的现场总线技术，但彼此的开放性和互操作性难以统一。

IEC61158 现场总线标准的第一版容纳了 8 种互不兼容的总线协议。现在的标准是 2007年 7 月通过的第四版，其现场总线增加到 20 种，见表 7-1。

表 7-1　IEC61158 的现场总线

类型编号	名　称	发起的公司
Type 1	TS61158 现场总线	—
Type 2	ControlNet 和 Ethernet/IP 现场总线	罗克韦尔（Rockwell）
Type 3	PROFIBUS 现场总线	西门子（Siemens）
Type 4	P-NET 现场总线	Process Data
Type 5	FF HSE 现场总线	罗斯蒙特（Rosemount）
Type 6	Swift Net 现场总线	波音（Boeing）
Type 7	World FIP 现场总线	阿尔斯通（Alstom）
Type 8	INTERBUS 现场总线	菲尼克斯（Phoenix Contact）
Type 9	FF H1 现场总线	现场总线基金会（FF）
Type 10	PROFINET 现场总线	西门子（Siemens）
Type 11	TCnet 实时以太网	东芝（Toshiba）
Type 12	EtherCAT 实时以太网	倍福（Beckhoff）
Type 13	POWERLINK 实时以太网	ABB，曾经的贝加莱（B&R）
Type 14	EPA 实时以太网	浙江大学等
Type 15	MODBUS RTPS 实时以太网	施耐德（Schneider）
Type 16	SERCOS Ⅰ、Ⅱ 现场总线	德国赫优讯（Hilscher）
Type 17	Vnet/IP 实时以太网	横河（Yokogawa）
Type 18	CC-Link 现场总线	三菱电机（Mitsubishi）
Type 19	SERCOS Ⅲ 现场总线	德国赫优讯（Hilscher）
Type 20	HART 现场总线	罗斯蒙特（Rosemount）

7.2　S7-1200 PLC 的 S7 通信及其应用

7.2.1　S7 通信介绍

S7 通信（S7 communication）集成在每一个 SIMATIC S7/M7 和 C7 的系统中，属于 OSI 参考模型第 7 层应用层的协议，它独立于各个网络，可以应用于多种网络（MPI、PROFIBUS、工业以太网）。S7 通信通过不断地重复接收数据来保证网络报文的正确。在 SIMATIC S7 中，通过组态建立 S7 连接来实现 S7 通信。在 PC 上，S7 通信需要通过 SAPI-S7 接口函数或 OPC（过程控制用对象链接与嵌入）来实现。

S7-1200/1200 PLC 之间的 S7 通信

客户端（client）和服务器（server）通信模型如图 7-1 所示。客户端是主控端，主动向客户端发出请求（push，推或推送），服务器是被控端，接收请求以后向客户端响应请求。

以太网通信中的 OUC 和 S7 通信都是客户端和服务器通信模型，不属于主从通信。客户端和服务器通信简称为"CS"通信。

图 7-1　客户端和服务器通信模型

7.2.2　S7通信指令说明

使用GET和PUT指令，通过PROFINET或PROFIBUS连接，创建S7 CPU通信。这两条指令只用在客户端，主动向服务器端发出读写命令，而服务器无需使用以上指令，因此该方式是单边通信。S7-1200 PLC不支持双边通信，但S7-1500 PLC支持。

（1）PUT指令　控制输入REQ的上升沿起动PUT指令，使本地S7 CPU向远程S7 CPU中写入数据。PUT指令输入/输出参数见表7-2。

表7-2　PUT指令的参数表

LAD	输入/输出	说　明
PUT Remote - Variant	EN	使能
	REQ	上升沿启动发送操作
	ID	S7连接号，组态时自动生成
	ADDR_1	指向接收方的地址的指针。该指针可指向任何存储区
	SD_1	指向本地CPU中待发送数据的存储区
	DONE	0：请求尚未启动或仍在运行 1：已成功完成任务
	STATUS	故障代码
	ERROR	是否出错：0表示无错误，1表示有错误

（2）GET指令　使用GET指令从远程 S7 CPU中读取数据。读取数据时，远程CPU可处于RUN或STOP 模式下。GET指令输入/输出参数见表7-3。

表7-3　GET指令的参数表

LAD	输入/输出	说　明
GET Remote - Variant	EN	使能
	REQ	通过由低到高的（上升沿）信号起动操作
	ID	S7连接号，组态时自动生成
	ADDR_1	指向远程CPU中存储待读取数据的存储区
	RD_1	指向本地CPU中存储待读取数据的存储区
	DONE	0：请求尚未起动或仍在运行 1：已成功完成任务
	STATUS	故障代码
	NDR	新数据就绪。 0：请求尚未起动或仍在运行 1：已成功完成任务
	ERROR	是否出错：0表示无错误，1表示有错误

【关键点】

① S7通信是西门子公司产品的专用保密协议，不与第三方产品（如三菱PLC）通信，是非实时通信。

② 与第三方PLC进行以太网通信常用OUC（即开放用户通信，包括TCP、UDP和ISO_on_TCP等），是非实时通信。

——— **S7-1200 PLC之间的S7通信** ———

案例 7-1

任务描述

在工程中，西门子CPU模块之间的通信常采用S7通信，例如立体仓库中用了多台S7-1200 CPU模块，多采用S7通信，相对于TCP通信，单边S7通信程序量更少。

有两台设备，要求从设备1上的CPU 1215C的MB10发出1个字节到设备2的CPU 1211C的MB10，从设备2上的CPU 1211C的IB0发出1个字节到设备1的CPU 1215C的QB0。要求编写梯形图程序。

解题步骤

（1）软硬件配置　本例用到的软硬件如下。

① 1台CPU 1215C和1台CPU 1211C。

② 1台4口交换机。

③ 3根带RJ45接头的屏蔽双绞线（正线）。

④ 1台个人电脑（含网卡）。

⑤ 1套TIA Portal V19。

（2）硬件组态过程与编程　本例的硬件组态采用离线组态方法，也可以采用在线组态方法。

① 新建项目。先打开TIA Portal，再新建项目，本例命名为"S7_1200to1200"，接着单击"项目视图"按钮，切换到项目视图，如图7-2所示。

图7-2　新建项目

② S7-1200客户端硬件组态。如图7-2所示，在TIA Portal软件项目视图的项目树中，双击"添加新设备"按钮，弹出如图7-3所示的"添加新设备"界面。选择标记"3"处的订货号"6ES7 215-1AG40-0XB0"，这个订货号必须与实物CPU的完全一致，再选择标记"4"处的版本号，此处的版本号最好与实物CPU的相同，可以低于实物的版本号，但不能高于实物的版本号。最后单击"确定"按钮，弹出如图7-4所示的界面。

注意：当有硬件时，在线组态既快捷，也准确，当没有硬件时，则只能用离线组态方法。

③ 启用"系统和时钟存储器"。如图7-4所示，先选中PLC_1的"设备视图"选项卡（标记"1"处），再选中常规选项卡中的"系统和时钟存储器"（标记"5"处）选项，勾选"启用时钟存储器字节"。

④ S7-1200 服务器硬件组态。如图 7-2 所示，在 TIA Portal 软件项目视图的项目树中，双击"添加新设备"按钮，弹出如图 7-5 所示的"添加新设备"界面。选择标记"3"处的订货号"6ES7 211-1AE40-0XB0"，这个订货号必须与实物 CPU 的完全一致，再选择标记"4"处的版本号，此处的版本号最好与实物 CPU 的相同，可以低于实物的版本号，但不能高于实物的版本号。最后单击"确定"按钮即可。

⑤ 建立以太网连接。选中"网络视图"，再用鼠标把 PLC_1 的 PN 口（绿色）选中并按住不放，拖拽到 PLC_2 的 PN 口后释放鼠标，如图 7-6 所示。

⑥ 调用函数块 PUT 和 GET。在 TIA Portal 软件项目视图的项目树中，打开"PLC_1"的主程序块，再选中"指令"→"S7 通信"，再将"PUT"和"GET"拖拽到主程序块，如图 7-7 所示。

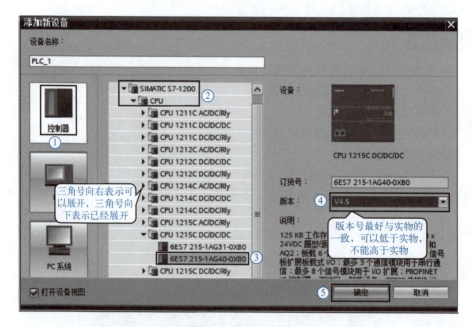

图 7-3　添加新设备

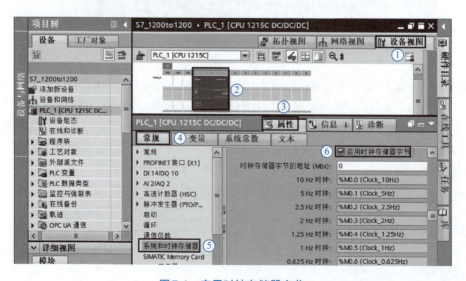

图 7-4　启用时钟存储器字节

图 7-5　添加新设备

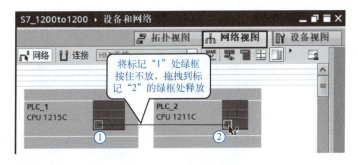

图 7-6　建立以太网连接

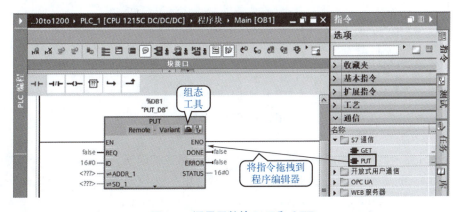

图 7-7　调用函数块 PUT 和 GET

⑦ 配置客户端连接参数。如图 7-8 所示，选中"属性"→"连接参数"，先选择伙伴为"PLC_2"，其余参数选择默认生成的参数。

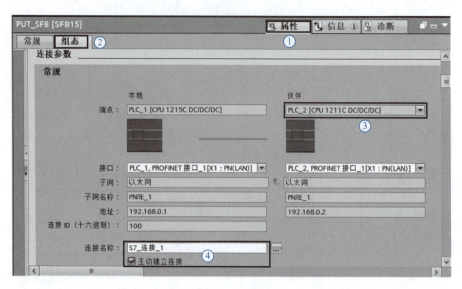

图7-8　配置连接参数

⑧ 更改连接机制。如图7-9所示，选中"属性"→"常规"→"防护与安全"→"连接机制"，勾选"允许来自远程对象的 PUT/GET"，服务器和客户端都要进行这样的更改。

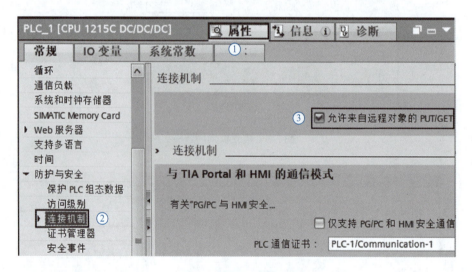

图7-9　更改连接机制

【关键点】这一步很容易遗漏，若遗漏则不能建立有效的通信。此外，MCGS 的触摸屏与 S7-1200/1500 的以太网通信、OPC 与 S7-1200/1500 的以太网通信均需要进行如图7-9所示的设置。

⑨ 编写程序。客户端的梯形图程序如图7-10所示，服务器无需编写程序，这种通信方式称为单边通信。以下解读程序。程序中 P#M10.0 BYTE 1 就是地址 MB10，同理 P#Q0.0 BYTE 1 就是地址 QB0。程序段1：客户端的 MB10 发送到服务器的 MB10。程序段2：客户端的 QB0 接收来自服务器的 IB0 的数据。

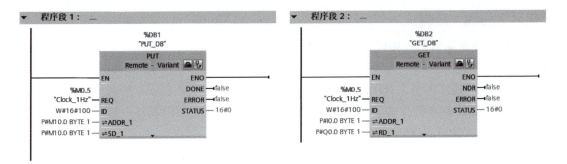

图 7-10　客户端的梯形图程序

7.3　PROFINET IO 通信

7.3.1　PROFINET IO 简介

PROFINET IO 通信主要用于模块化、分布式控制，IO 控制器（IO-controller）通过以太网直接连接 IO 现场设备（IO-device）。PROFINET IO 通信是全双工点到点方式通信。一个 IO 控制器最多可以和 512 个 IO 现场设备进行点到点通信，按照设定的更新时间双方对等发送数据。一个 IO 现场设备的被控对象只能被一个 IO 控制器控制。

S7-200 SMART/1200/1500 的 CPU 模块均可以作为 IO 控制器，带 PN 接口的分布式模块（如 ET200SP、ET200MP 等）、带 PN 接口的变频器和伺服系统均可作为 IO 现场设备。如图 7-11 所示是典型的 PROFINET 通信的拓扑图，CPU 1516F-3PN/DP 作为 IO 控制器站，3 台 SINAMIS V90 伺服驱动器和 2 台分布式模块作为 IO 现场设备。

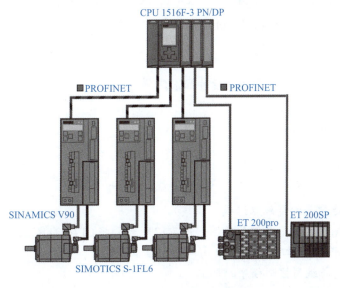

图 7-11　PROFINET 通信的拓扑图

7.3.2　GSD文件

GSD文件是通用站点描述文件，是进行PROFINET IO通信必需的，一般由该现场设备制造商提供。

TIA Portal软件中组态IO现场设备（简称现场设备），特别是第三方现场设备，通常要在TIA Portal软件中安装该IO现场设备的GSD文件（西门子常用的设备，如V90伺服驱动器的GSD已经集成在博途软件中），否则不能使用该设备。

7.3.3　PROFINET IO的三种执行水平

（1）非实时数据通信（NRT）　PROFINET是工业以太网，采用TCP/IP标准通信，响应时间为100ms，用于工厂级通信。组态和诊断信息、上位机通信时可以采用。

（2）实时（RT）通信　对于现场传感器和执行设备的数据交换，响应时间约为5～10ms的时间（DP满足）。PROFINET提供了一个优化的、基于第二层的实时通道，解决了实时性问题。

PROFINET的实时数据按照优先级传递，标准的交换机可保证实时性。

（3）等时同步实时（IRT）通信　在通信中，对实时性要求较高的是运动控制。这种通信100个节点以下要求响应时间是1ms，抖动误差不大于1μs。等时同步实时数据传输需要特殊交换机（如SCALANCE X-200 IRT）。

案例 7-2　S7-1200 PLC与分布式模块ET200SP之间的PROFINET通信

◀ 任务描述

用S7-1200 PLC与分布式模块ET200SP，实现PROFINET通信。某系统的控制器由CPU1211C、IM155-6PN和DQ 8组成，要用CPU1211C上的2个按钮控制远程站上的一台电动机的起停。要求设计电气原理图，并编写梯形图程序。

◀ 解题步骤

（1）软硬件配置　本例用到的软硬件如下。

① 1台 CPU 1211C。

② 1台 IM155-6PN。

③ 1台 DQ 8。

④ 1台个人电脑（含网卡）。

⑤ 1套 TIA Portal V19。

⑥ 1根带RJ45接头的屏蔽双绞线（正线）。

S7-1200 PLC与分布式模块
ET200MP之间的PROFINET通信

（2）设计电气原理图　电气原理图如图7-12所示。将CPU1211C的以太网口X1P1与分布式模块IM155-6PN的网口P1R或P2R由网线连接在一起。

（3）硬件组态与编写控制程序

① 新建项目。打开TIA Portal，再新建项目，本例命名为"ET200SP"，单击"项目视图"按钮，切换到项目视图。

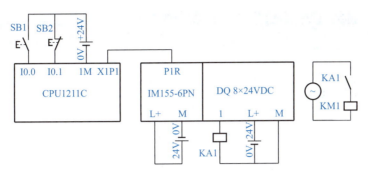

图7-12　电气原理图

② CPU模块硬件组态。在TIA Portal软件项目视图的项目树中，双击"添加新设备"按钮，添加CPU模块，如图7-13所示，选中"设备视图"→"设备概览"，可以看到CPU模块的数字量输入的地址是IB0。再对照图7-12原理图，可知起动按钮SB1对应的地址是I0.0，停止按钮SB2对应的地址是I0.1。

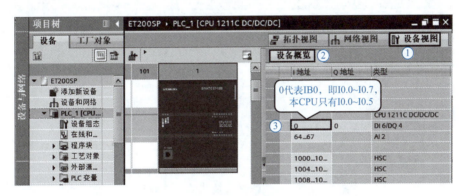

图7-13　硬件配置

③ 网络组态。如图7-14所示，选中"网络视图"，将标记"2"处的"6ES7 155-6AU01-0BN0"（分布式模块）拖拽到标记"3"处释放。选中标记"4"处绿色窗口，用鼠标左键按住不放，拖拽到标记"5"处的绿色窗口释放。双击标记"3"处的分布式模块，弹出如图7-15所示的界面。

④ IO设备组态。如图7-15所示，选中"设备视图"（标记"1"处）选项卡，将标记"2"处的"6ES7 132-6BF01-0AA0"（DQ模块）拖拽到标记"3"处释放。注意数字量输出模块的地址是QB2。编写程序时，要与此处的地址匹配。再对照图7-12的原理图，可知线圈KA1对应的地址是Q2.0。

⑤ 分配IO设备名称。在线组态一般不需要分配IO设备名称，通常离线组态需要此项操作。如图7-16所示，选中"网络视图"选项卡，再用鼠标选中PROFINET网络，即"PN/IE_1"（标记"2"处），右击鼠标，弹出快捷菜单，单击"分配设备名称"命令。

如图7-17所示，单击"更新列表"按钮，系统自动搜索IO设备，当搜索到IO设备后，再单击"分配名称"按钮。

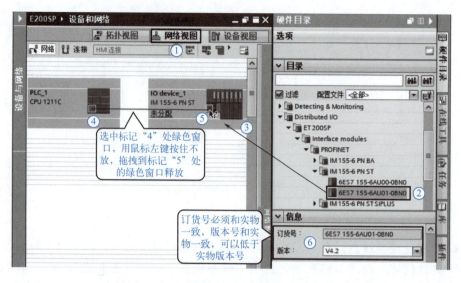

图7-14　网络组态

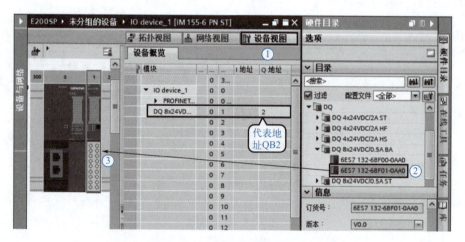

图7-15　IO设备组态

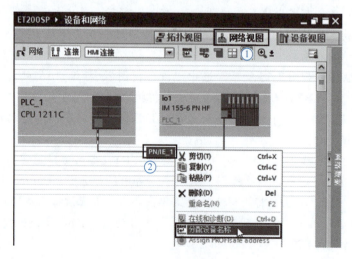

图7-16　分配IO设备名称（1）

图7-17　分配IO设备名称（2）

　　分配IO设备名称的目的是确保组态时的设备名称与实际的设备名称一致，或者便于按照设计要求修改设备名。

　　⑥ 编写程序。只需要在IO控制器（CPU模块）中编写程序，如图7-18所示，而IO设备（本项目模块无CPU，也无法编写程序）中并不需要编写程序。

　　【关键点】图7-18中的I0.0和I0.1要与图7-13组态的地址匹配，图7-18中的Q2.0要与图7-15组态的地址匹配。

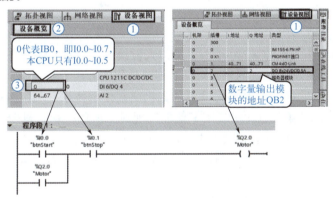

图7-18　IO控制器中的程序

学习小结

　　① 用TIA Portal软件进行硬件组态时，使用拖拽功能，能大幅提高工程效率，必须学会。

　　② 在下载程序后，若发现总线故障（BF灯红色），一般情况是组态时IO设备的设备名或IP地址与实际IO设备的设备名或IP地址不一致。此时，需要重新分配IP地址或设备名。

　　③ 分配IO设备的设备名和IP地址应在线完成，也就是说必须有在线的硬件设备。

 习题

习题7

作业：S7-1200 PLC之间的TCP通信 - 离线组态和在线组态

第 8 章

触摸屏和变频器的PLC综合控制

▌ 学习目标 ▌

- 了解人机界面（HMI）的用途和分类。
- 掌握西门子HMI与PLC的组态。
- 掌握HMI、PLC和变频器组成的小型的自动化系统的集成。

8.1 人机界面简介

8.1.1 认识人机界面

人机界面（human machine interface）又称人机接口，简称HMI，在控制领域，HMI一般特指用于操作员与控制系统之间进行对话和相互作用的专用设备，中文名称为触摸屏。触摸屏技术是起源于20世纪70年代的一项新的人机交互作用技术。利用触摸屏技术，用户只需轻轻触碰计算机显示屏上的文字或图符就能实现对主机的操作，部分取代或完全取代键盘和鼠标。它作为一种新的计算机输入设备，是目前最简单、自然和方便的一种人机交互方式。目前，触摸屏已经在消费电子（如手机）、银行、税务、电力、电信和工业控制等领域得到了广泛的应用。HMI属于上位机。

（1）触摸屏的工作原理　触摸屏工作时，用手或其他物体触碰触摸屏，系统会根据手指触摸的图标或文字的位置来定位选择信息输入。触摸屏由触摸检测部件和触摸屏控制器组成。触摸检测部件安装在显示器的屏幕上，用于检测用户触摸的位置，接收后送至触摸屏控制器，触摸屏控制器将接收到的信息转换成触点坐标，再送给PLC，它同时接收PLC发来的命令，并加以执行。

（2）触摸屏的分类　触摸屏主要有电阻式触摸屏、电容式触摸屏、红外线式触摸屏和表面声波触摸屏等。

8.1.2 触摸屏的通信连接

触摸屏的图形界面是在计算机的专用软件（如Portal WinCC）上设计和编译的，需要通过通信电缆下载到触摸屏。触摸屏要与PLC交换数据，它们之间也需要通信电缆。

（1）计算机与西门子触摸屏之间的通信连接　个人计算机上通常至少有一个以太网接口，西门子触摸屏也有以太网接口，个人计算机与触摸屏就通过这两个接口进行通信，通常采用网线连接。计算机与触摸屏通信连接如图8-1所示。

图8-1　计算机与触摸屏通信连接

个人计算机与西门子触摸屏之间的联机还有其他方式，例如在计算机与HMI之间用PPI、MPI和PROFIBUS等通信方式进行连接。

（2）触摸屏与PLC的通信连接　目前西门子S7-200 SMART/1200/1500 PLC均至少有一个以太网接口，这个接口与西门子触摸屏的以太网接口通过网线进行连接。

西门子触摸屏有一个RS-422/485接口，若西门子PLC有RS-422/485接口（扩展接口也可），两者互联实现通信采用的通信电缆接线如图8-2所示。

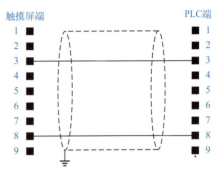

图8-2　西门子触摸屏与PLC的通信连接

8.2　综合应用

案例——触摸屏、PLC和变频器对风机的调速控制——

任务描述

用一台触摸屏和一台CPU1212C对变频器进行模拟量转速设定，同时触摸屏显示实时电流，当电流高于额定数值时报警，时长不低于2s，已知电动机的技术参数，功率为0.75kW，额定转速为1480r/min，额定电压为380V，额定电流为2.05A，额定频率为50Hz。

解题步骤

（1）软硬件配置
① 1套 TIA Portal V19。
② 1台 G120C 变频器。
③ 1台 CPU 1212C 和 SM 1234。
④ 1台电动机。
⑤ 1台 TP700（HMI）。
（2）设计电气原理图　将CPU1212C、变频器、模拟量输入/输出模块SM1234和电动

触摸屏、PLC和变频器对风机的调速控制

机按照如图8-3所示接线。注意：CPU1212C输出端的0V必须与G120C输入端的GND短接，否则CPU1212C的数字量输出处于断路状态，CPU1212C的数字量信号送不到G120C，导致G120C不能起动。本例不能使用CPU1211C模块，因为此模块不能扩展模拟量模块。

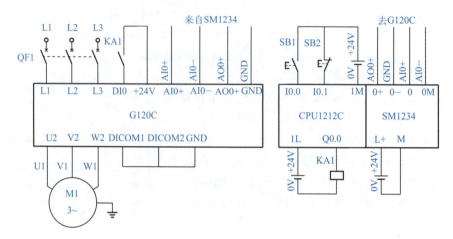

图8-3　电气原理图

（3）硬件组态过程

① 新建项目，并添加PLC模块。新建项目，命名为"风机控制"，并添加硬件"CPU1212C"和"SM1234"模块，如图8-4所示。

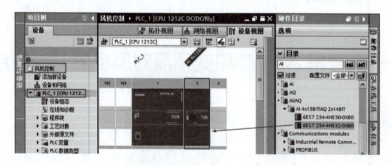

图8-4　新建项目，并添加PLC模块

② 创建变量。如图8-5所示，选中并双击"显示所有变量"，在"PLC变量"表格中创建PLC需要用到的变量。因为PLC和HMI是共用一个数据库，所以这个变量表也供HMI使用。

③ 编写程序，如图8-6所示，程序解读如下。

程序段1：压下PLC上的起动按钮SB1或者压下HMI上的起动按钮，风机都可以起动运行；压下PLC上的停止按钮SB2或者HMI上的停止按钮，风机都可以停机。

程序段2：用于转速设定，在MD20中直接输入转速值即可。

程序段3：用于测量当前电动机的电流值。

程序段4：当电流值大于额定值时，报警起动，因为使用了断电延时定时器，所以报警时间至少持续2s。

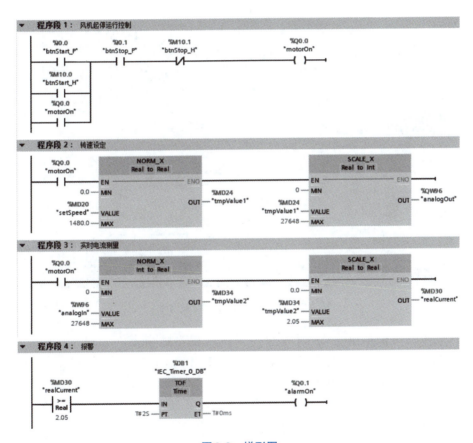

图 8-5　创建变量

图 8-6　梯形图

④ 添加 HMI，并将 HMI 与 CPU1212C 联网。如图 8-7 所示，双击"添加新设备"，弹出"添加新设备"对话框，选中"HMI"→"6AV2 124-0GC01-0AX0"（即 TP700 触摸屏），单击"确定"按钮，弹出"HMI 设备向导"对话框，如图 8-8 所示。单击"浏览"按钮，选中"PLC_1"（即前面组态的 CPU1212C 模块，其名称是"PLC_1"），单击"确认"按钮，最后单击"完成"按钮。TP700 触摸屏添加完成，同时 TP700 触摸屏与"PLC_1"（即 CPU1212C）组成了网络。

图8-7　添加HMI（TP700）

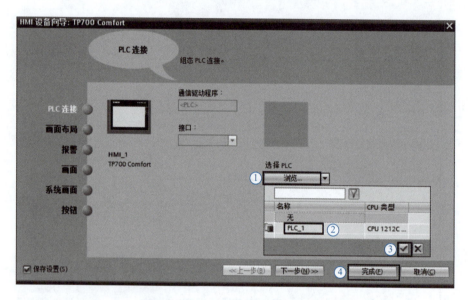

图8-8　HMI与CPU1212C联网（1）

　　选中并双击"设备组态"，再选中"网络视图"选项卡，如图8-9所示，HMI与CPU1212C的网口之间有一根绿色的连线，这表明HMI与CPU1212C已经联网。

　　⑤ 组态HMI的画面。如图8-10所示，双击并打开"根画面"，分别将圆、文本域、I/O域、按钮和泵的图标用鼠标左键选中，并按住不放，拖拽到图8-10所示的位置。

　　a.圆是一种图形，本例用其颜色的改变，代表报警灯的亮和灭。

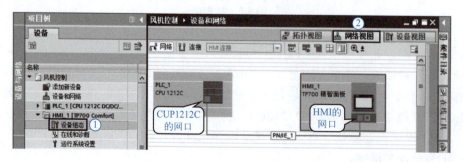

图8-9　HMI与CPU1212C联网（2）

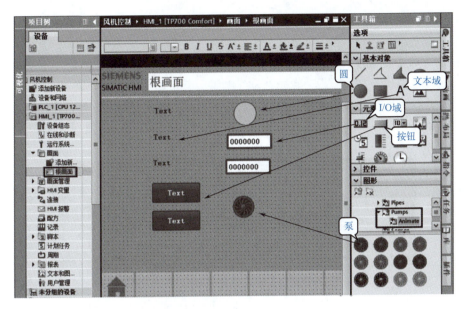

图8-10　组态HMI与画面（1）

b. 文本域中可以输入汉字、英文和数字等，用于说明其旁边的控件或者图形的功能，起注释作用。

c. 按钮实际就是模拟实际工程中按钮，本例的按钮的作用是起停控制，这里可以称之为软按钮。

d. I/O域既可以显示来自PLC的数据，也可以把数据传送到PLC。

e. 泵的图标可以代表泵、电动机和风机的运行状态。

如图8-11所示，选中"Text"→"属性"→"常规"，在"文本"的下方输入"报警"，这样最上面的文本域的文本就以"报警"显示。下面文本域和按钮文本的修改方法相同，不再赘述。

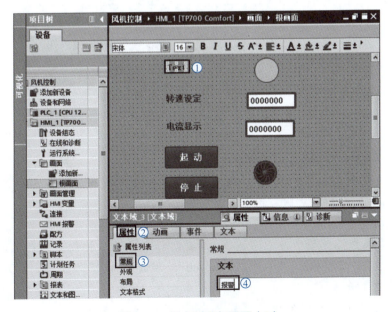

图8-11　组态HMI与画面（2）

⑥ 变量链接。即将图8-5中创建的变量与图8-11画面中的对象，如按钮和I/O域进行关联。以下详细介绍。

a. 报警灯的变量链接。如图8-12所示，选择需要链接变量的对象"圆"（标记"1"处），选中"动画"选项卡→"总览"，单击"为外观添加新动画"按钮■，弹出如图8-13所示的画面，单击"指定用于动画的变量"按钮…，在弹出的界面中选择"默认变量表"（此表即图8-5）→"alarmOn"，单击"确认"按钮✓，对象圆与变量"alarmOn"进行了关联。

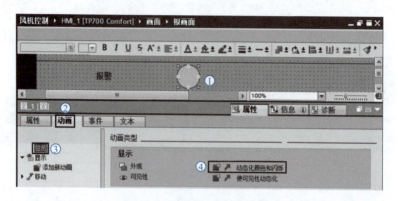

图8-12　报警灯变量链接（1）

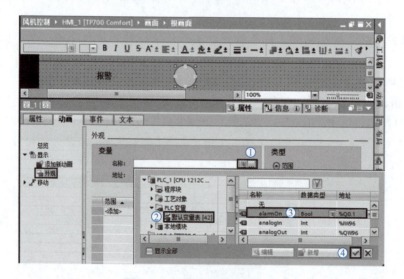

图8-13　报警灯变量链接（2）

如图8-14所示，单击"添加"按钮（标记"5"处）两次，单击标记"6"处的下拉框，将此处的颜色改为红色。这样修改后，当变量"alarmOn"为0时，"圆"的背景颜色是灰色，当变量"alarmOn"为1时，"圆"的背景颜色是红色。动画组态完成。

b. I/O域的变量链接。如图8-15所示，选择需要链接变量的对象（标记"1"处的I/O域），选中"属性"选项卡→"常规"，单击"指定变量"按钮…，在弹出的界面中选择"默认变量表"（此表即图8-5）→"setSpeed"，单击"确认"按钮✓，I/O域对象与变量"setSpeed"进行了关联。

用同样的方法将另一个I/O域与变量"realCurrent"进行关联。

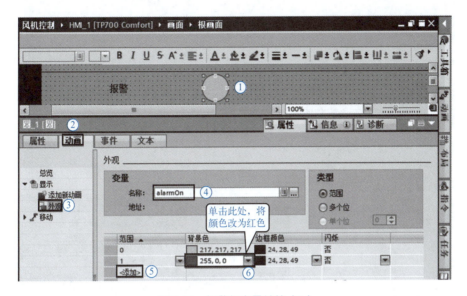

图8-14　报警灯变量链接（3）

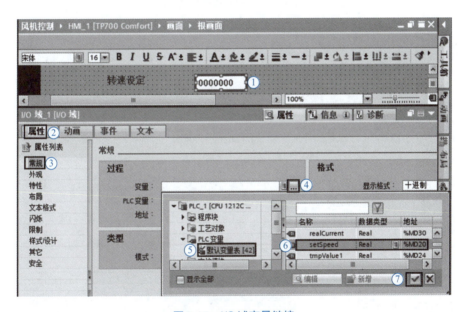

图8-15　I/O域变量链接

c. 按钮的变量链接。如图8-16所示，选择需要链接变量的按钮对象（标记"1"处），选中"事件"选项卡→"按下"，在标记"4"处的下拉框中，选择函数"置位位"。

在标记"5"处，单击"指定变量"按钮，在弹出的界面中选择"默认变量表"（此表即图8-5）→"btnStart_H"，单击"确认"按钮，"起动"按钮对象的压下事件与变量"btnStart_H"进行了关联，即当此按钮压下，对布尔型变量"btnStart_H"进行置位。

如图8-17所示，选择需要链接变量的按钮对象（标记"1"处），选中"事件"选项卡→"释放"，在标记"4"处的下拉框中，选择函数"复位位"。

单击"指定变量"按钮，在弹出的界面中选择"默认变量表"→"btnStart_H"，单击"确认"按钮，"起动"按钮对象的释放事件与变量"btnStart_H"进行了关联，即当按钮

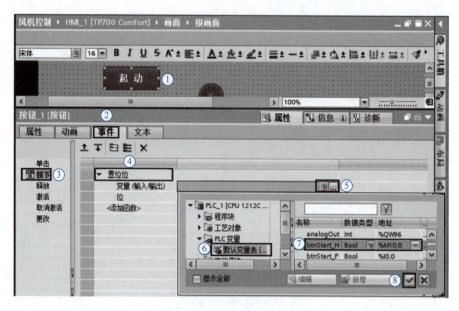

图 8-16　按钮变量链接（1）

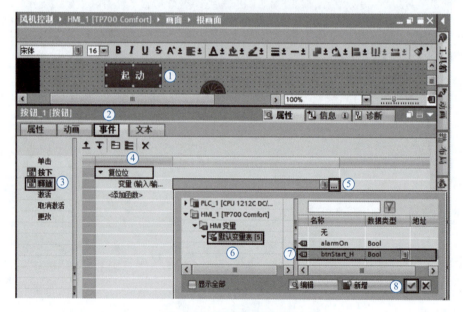

图 8-17　按钮变量链接（2）

释放，对变量"btnStart_H"进行复位。

停止按钮的组态与起动按钮的组态类似，在此不再赘述。

d. 泵的变量链接。泵需要链接的变量是"motorOn"，其起动和停止用颜色变换表示，组态方法与报警灯类似，在此也不再赘述。

（4）设定变频器的参数

先查询 G120C 变频器的说明书，再依次在变频器中设定表 8-1 中的参数。

表 8-1　变频器参数表

序号	变频器参数	设定值	单位	功能说明
1	p0003	3	—	权限级别
2	p0010	1/0	—	驱动调试参数筛选。先设置为 1，当把 p15 和电动机相关参数修改完成后，再设置为 0
3	p0015	17	—	驱动设备宏指令
4	p0756	0	—	模拟量输入类型，0 表示电压范围为 0～10V
5	p0771	27	A	经过滤波的电流实际值绝对值
6	p0776	1	—	输出电压信号

(5)运行

将 PLC 程序下载到 CPU1212C，将 HMI 的项目下载到 HMI 中。在 HMI 中压下 "起动" 按钮，在 "转速设定" I/O 域中输入 740.0，电动机以此转速旋转，实时电流值为 1.63A，HMI 运行画面如图 8-18 所示。

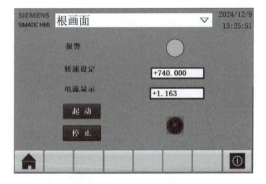

图 8-18　HMI 的运行界面

习题 8

参考文献

[1] 向晓汉，陆彬. 电气控制与PLC技术[M]. 4版. 北京：人民邮电出版社，2012.

[2] 奚茂龙，向晓汉. S7-1200 PLC 编程及应用技术[M]. 北京：机械工业出版社，2022.

[3] 向晓汉，李润海. 西门子S7-1200/1500 PLC学习手册：基于LAD和SCL编程[M]. 北京：化学工业出版社，2018.